Guru 与 大 师 同 行

"如果真的想实现梦想——我说的真正，不是白日做梦随口说说的，那就必须去行动，去失败。早点失败，习惯失败，越挫越勇，让错误成为成功的垫脚石。"

逆袭

赋能成功15法则

[美] 约翰·C.麦克斯维尔（John C. Maxwell）◎著

乐 斌◎译

FAILING //////////////

FORWARD

TURNING MISTAKES INTO STEPPING STONES FOR SUCCESS

浙江人民出版社

图书在版编目（CIP）数据

逆袭：赋能成功 15 法则 /（美）约翰·C. 麦克斯维尔著；乐斌译 . —杭州 ：浙江人民出版社，2022.4
ISBN 978-7-213-09592-4

Ⅰ . ①逆… Ⅱ . ①约… ②乐… Ⅲ . ①成功心理-通俗读物 Ⅳ . ①B848.4-49

中国版本图书馆 CIP 数据核字（2021）第 061008 号

浙 江 省 版 权 局
著作权合同登记章
图字：11-2018-71

Failing Forward by John C. Maxwell

Copyright © 2000 by Maxwell Motivation, Inc., a Georgia Corporation

Published by arrangement with Thomas Nelson, a division of HarperCollins
Christian Publishing, Inc. through the Artemis Agency

逆袭:赋能成功15法则

[美]约翰·C.麦克斯维尔 著 乐 斌 译

出版发行：浙江人民出版社（杭州市体育场路347号 邮编 310006）
市场部电话：(0571)85061682 85176516
责任编辑：郦鸣枫
营销编辑：陈雯怡 陈芊如
责任校对：姚建国
责任印务：刘彭年
封面设计：王 芸
电脑制版：杭州兴邦电子印务有限公司
印　　刷：杭州杭新印务有限公司
开　　本：710毫米×1000毫米 1/16　　印　　张：14
字　　数：187千字　　　　　　　　　　插　　页：2
版　　次：2022年4月第1版　　　　　　印　　次：2022年4月第1次印刷
书　　号：ISBN 978-7-213-09592-4
定　　价：58.00元

如发现印装质量问题,影响阅读,请与市场部联系调换。

失败是成功之母。没有失败，就没有伟大的成功。约翰·C.麦克斯维尔揭示了如何将失败转化为成功垫脚石的秘密。有了这本书，你再也不会害怕失败！

——戴维·W.安德森

美国著名Famous Dave's连锁餐厅创始人

每个人都曾经历过事业或个人生活中的失败。本书将鼓励你把失败当作成功的垫脚石，而不是休止符。本书会帮助你在面对失败时保持自信，避免陷入失败中无法自拔。

——安妮·贝勒

安缇安蝴蝶酥创始人

约翰·C.麦克斯维尔又写了一本不可思议的书，《逆袭：赋能成功15法则》有助于我们了解自己。他在书中描绘了我们平时看待失败的错误角度。在本书中，约翰鼓励我们拥抱失败，并学会正视失败，而不是选择逃避。通过丰富的事例和独到的洞察力，约翰帮助我们发现了失败在生活中的重要性。感谢这本书让我明白了，不管生活多么艰苦，成功的密码不在于改变周遭的环境，而在于改变自己。在罹患癌症并不再担任全美职业棒球联盟投手后，感谢本书让我意识到了转败为胜的价值。

——戴夫·崔复奇

《回归》作者

约翰·C.麦克斯维尔博士的作品，最大的一个特点在于催人奋进，并发挥最大潜能。《逆袭：赋能成功 15 法则》将鼓励你克服生活和事业上的一切困难。这本书将充分激发你鼓励他人的积极性，为他们的人生赋能。

——格雷格·霍恩

肯塔基州辛西亚纳市 Payless 食品超市创始人

约翰·C.麦克斯维尔又来了一个"本垒打"！这本书给我带来太多共鸣了，我人生中的所有决定性时刻都伴随着逆境和失败。老天在我的生命中设置了各种挫折来推动我前进。正如约翰·C.麦克斯维尔所言，"失败是通往成功的车票"。

——戴维·杰雷米亚

美国 Turning Point 广播电视公司总裁

约翰·C.麦克斯维尔用温暖友好的文字，教会我们利用逆境和失败来转败为胜。这本书应该成为指导我们解决问题的教科书。

——芭芭拉·约翰逊

《他欢庆，我闪人》作者

《逆袭：赋能成功 15 法则》提供了 15 种实用的方法，让你成为梦想中的成功者。我认为这些方法非常有用。

——杰克·金得

金氏兄弟国际金融公司

约翰·C.麦克斯维尔是能带领你走向成功的大咖。他这本书之所以把失败作为主题，是为了证明转败为胜对于成功和领导力的重要意义。

——彼得·洛

彼得·洛国际集团战略管理专家、首席执行官

约翰·C.麦克斯维尔的新书《逆袭：赋能成功15法则》对所有职场人士都很有帮助。我们都经历过各种失败，在本书中麦克斯维尔博士告诉我们如何处理失败，以及转败为胜的方法。他还介绍了一些成功人士的真实经历，展现了他们是如何处理问题的。这是一本好书。

——丹·里夫斯

亚特兰大老鹰篮球队主教练

我一直以来都相信寻宝游戏的价值。在《逆袭：赋能成功15法则》中，约翰·C.麦克斯维尔就如何从失败中学习和成长提出了深刻的见解。

——加里·斯莫利

《让爱永恒》作者

这是约翰·C.麦克斯维尔关于如何处理人生重要问题的又一部经典之作。毫无疑问，《逆袭：赋能成功15法则》是他最好的作品。

——帕特·威廉姆斯

奥兰多魔术队联合创始人

真正的成功者其实常常失败。约翰·C.麦克斯维尔的《逆袭：赋能成功15法则》会让你认识到失败在生活中再平常不过了。他不仅让你知道了失败是可以被击败的，还循序渐进地教你如何去做。

——金克拉

《超越巅峰》作者

本书献给音久集团，
以及所有帮助他人学会如何转败为胜的人。

感谢在完成本书过程中给予我帮助的人：

查理·韦策尔，作家

琳达·埃格斯，行政助理

布伦特·科尔，研究助理

斯蒂芬妮·韦策尔，校对

你愿意改变自己的想法吗？

真正的成功

我在美国巡回演讲时，人们常常会问我写这本书的原因。因为这个问题被问了太多次，所以我想在你开始阅读之前先说明一下。

我一生致力于为他人赋能。这是我多年来四处演讲，制作音频、视频课程，以及写书的原因，也是我创立音久集团的初衷。我希望看到他人成就自我，希望遇见的每个人都能真正地成功。

我深信一个人能否成功是由四个重要因素决定的，只要记住REAL这个单词就可以了。

关系（Relationship）：与他人相处的能力，影响着生活中的方方面面。关系可以成就你，也可以毁掉你。

协作（Eqiupping）：身边人决定着你能否成功。远大的理想，只有通过团队协作才能实现。

态度（Attitude）：态度决定了人会如何对待日常生活。在决定人生高度的因素中，态度往往比能力更重要。

领导力（Leadership）：成也领导力，败也领导力。提高个人绩效的唯一途径，就是提高领导力水平。

这本书里的所有内容，都与如何提高以上四个方面的能力有关。本书旨在改变你对待失败的态度。通过阅读、吸收和活用书中的内容，把错误转变为成功的垫脚石。希望《逆袭：赋能成功15法则》这本书能让你活出精彩。

成功者与普通人之间最大的差异是什么？

所有人——包括那些最出色的人，都曾经历 | ${\large 01}$
过失败。

——J.M.巴里

　　成功者为什么能够异于常人？为什么有些人平步青云，有些人却一蹶不振？我们说他们运气好、有上天眷顾，或者能点石成金等，但事实上，你肯定心知肚明，有的人就是能够在巨大的困难面前做出惊人的成就：失去了重要客户，仍使公司进入全美销售排行榜前5％；预算缩减，仍找到了巧妙的获利方法；作为单亲家长，不仅抚养了两个孩子，自己还读了一个硕士学位；在同事全然不知的情况下，发现绝佳的商业机会；把大量优秀的人才招进看上去后劲不足的公司。无论他们从事何种工作，他们都能做出成绩。

　　每个人都希望自己像上面提到的那些人一样，但那些成功者却一骑绝尘，把普通人远远甩在身后。

成功到底靠什么？

为什么有些人更容易成功？是什么导致了这种差异？是不是因为：

- 家庭背景？在一个优秀的家庭里长大的确值得庆幸，但这并不意味着一定能成功。成功者中来自破裂家庭的人数比例反而更高。

- 是财富吗？也不是，一些伟大的成功者来自中产或者低收入家庭。有钱不一定能成功，贫穷也不一定会导致失败。

- 是机遇吗？众所周知，机遇是一个特别的东西。两个具有相同天赋、才能和资源的人，在相同情况下，其中一个人能看到巨大的机遇，而另一个人却什么都看不到。有心人才能发现机遇。

- 是品德吗？我也希望如此，但却不是。我知道有些人品德高尚但不成功，而有些恶贯满盈的人却取得了成功。你觉得呢？

- 一帆风顺？并不是每一个成功者都能避开悲剧，比如海伦·凯勒身有残疾，维克多·弗兰克尔经历了恐怖的战争，九死一生。所以也不是这个原因。

以上都不是。如果有原因，那就只有一个：普通人与成功者之间的差异，在于对失败的认知和反应。这才是影响人们追逐梦想，实现心之所向的原因。

学校不会教的事

足球运动员凯尔·罗特说："赢球的方法有很多种，但是输球的原因只有一个，那就是失败了却无法向前看。"

如何看待失败，是否具有超越失败继续前进的能力，影响着日常生活的方方面面。要获得这种能力挺难的，大部分人都不知道该从哪里着手。

FAILING >>>
FORWARD

　　赢球的方法有很多种，但是输球的原因只有一个，那就是失败了却无法向前看。

　　　　　　　　　　　　　　　　——凯尔·罗特

　　即使是乐观的人，有时候也难以乐观地看待失败。我算是一个非常乐观的人（我的作品《赢者的心态》一书畅销15年），但我并非生来就是个转败为胜的高手，在学校里也没有老师教我如何做好失败的心理准备。现在的孩子可能也和我一样。事实上，学校的环境常常让人们对失败望而生畏。

　　下面请看看我之前对失败的态度，看看你的经历是不是和我差不多：

1. 害怕失败

　　我在大学时曾有过与现在的很多学生一样的经历。开学的第一天，人类文明史课程的教授走进课堂后宣布："今天在这个教室里的人有一半都将会挂科。"我的第一个反应是什么？害怕！此前我还从来没有挂过科，也不想开此先例。因此，我的第一反应就是：这个教授到底想要什么？学习变成了一场我想要赢的比赛。

　　为了通过这门课程，我硬是记下了83个日期，因为我的老师说只要记住这些日期就意味着掌握了课程内容。那次考试我得了A，但这些内容在三天后就被我忘得一干二净。我成功地避免了曾经担忧过的失败，但并没有真正学到任何东西。

2. 误解失败

什么是失败？在孩提时代，我认为 69 分以下就意味着失败，而 70 分以上就意味着成功。这种想法对我没有任何帮助。失败并不是分数，也不是一次考试。失败不是单一性事件，而是一个过程。

3. 对失败没有心理准备

大学毕业的时候，我的成绩在班级里排名前 5%，但这毫无意义。我成功玩转了大学的游戏，并学习了很多知识，却对今后的人生中将会遇到的问题毫无心理准备。

在第一份工作时，我就发现了这个问题。作为一个乡村教会的牧师，工作的第一年我很努力，我甚至超出人们对我的预期，完美地完成了任务。但老实说，我之所以帮助别人，是因为担心别人不喜欢我。

在我所在的教会，人们每年都会投票决定是否让牧师再干一年。我认识的很多牧师，常常会因为获得了全票通过而得意。我满心期待着自己第一次也能获得全票通过。你可以想象到，当我看到 31 票同意、1 票否定、1 票弃权时大吃一惊的表情。

那天晚上回到家后，我打电话给父亲。他是一位资深牧师，曾经担任过教会的地区主管、学校校长。

"爸爸，我这么竭尽全力工作，居然还有人投反对票，希望我离开！简直难以置信！"我的眼泪在眼眶里打转，"那张弃权票也等于是反对票。我是应该换个工作，还是换个教会呢？"

此时，电话那头竟传来了笑声。

"不，儿子，留在那儿，"我爸爸边说边笑，"那可能是你这辈子能得到的最多赞成票。"

一堂新课程

这时，我才意识到自己对于成功和失败的看法是多么地不切实际。大学的经历更是加剧了我对于失败的错误认知。根据我这些年来帮助领导者成长和发展的经验，我发现大部分人都是和过去的我差不多的。

华莱士·汉密尔顿在《领导力》杂志里说："自杀、酗酒及其他形式的精神崩溃逐年增多，这说明很多人只准备好了成功，却没有准备好失败。失败比成功常见，贫穷比富贵普遍，失望更是家常便饭。"

准备好迎接失败！这是个很好的观念，也是我撰写此书的初衷。现在请跟我一起来学习一堂在学校里永远学不到的课程，这堂课能够帮助你准备好迎接失败，帮助你学会正视失败，在今后勇往直前。在生活中，问题不在于是否会有困难，而在于你如何处理这些困难。到底是选择转败为胜，还是遇到困难就退避三舍？

F AILING >>>
ORWARD

很多人只准备好了成功，却没有准备好失败。失败比成功常见，贫穷比富贵普遍，失望更是家常便饭。

——华莱士·汉密尔顿

重新认识困难

当我想到那些正视失败并勇往直前的人时，脑海里第一个浮现的就是玫琳凯·艾施，她的公司取得了很大的成功。在过去的四五年里，我曾多次到她的化妆品公司做关于领导力的讲座。事实上，无论我在哪儿参加会议和论坛，总会有十几位玫琳凯的化妆品顾问出席。

我很敬佩玫琳凯女士。她克服了职业生涯中的很多困难，从来没让失败从她这儿占到半点便宜。玫琳凯的第一份工作是销售，她干得很不错。但她发现，即便有25年的成功经验，女性要在商场上出人头地仍非常困难，特别是在20世纪50年代和60年代早期。

> 我努力工作，终于成为公司董事会的成员，结果却发现我们的销售团队全部是女性，但管理层却全部是男性。我的意见对他们来说一文不值。我经常听到他们说："玫琳凯，你又像女人那样思考了！"我感觉自己被架空了，所以决定辞职。

机会是靠自己争取的，辞职生活没有持续很久，一个月后，她坐不住了，打算开创自己的化妆品事业，并为每个从业女性提供无限的发展机会。她收购了当时市面上最好的美容产品的配方，做了一份营销方案，准备成立公司。

困难来了！

没过多久，她就遇到了第一个困难。当她因为公司的法律事务去咨询律师的时候，对方嘲笑她必将失败。"玫琳凯，"他说，"如果你不想要存款的话，为什么不直接把钱扔进垃圾桶呢？这可比你的计划要容易多了。"她的会计也不看好她。

尽管别人一直泼冷水，但玫琳凯还是义无反顾。她把自己仅有的5000美元投资到新公司里。她的丈夫管理行政事务，她自己则狂热地投入到产品研发、包装设计、培训教程制作和员工招聘中，进展非常顺利。但是开业前一个月，她丈夫突发心脏病，倒在了厨房的餐桌上。

面对这种情况，大多数人可能会打退堂鼓，选择接受现实并意志消沉。但玫琳凯没有，她继续工作。公司在1963年9月13日正式开业。现在，她的公司年销售额超过10亿美元，拥有3500名员工，在全球29个国家共有50万名销售顾问。

玫琳凯也得到了企业家梦寐以求的所有奖项。虽然在此过程中遇到了逆境和困难，但她成功地转败为胜。

不可能的问题

在成长的过程中，我常常听到一些励志演说家提出这样的问题："如果排除失败的可能性，你会想在哪方面取得成功？"

这句话很有欺骗性，起初它让你去积极地憧憬未来生活的可能性，但有一天我忽然意识到，这个问题其实很糟糕。为什么呢？因为仅从暗示不会失败这一点来看，这句话就已经误导听众了。没有失败，哪来的成功？

换个问法会好一点：如果对失败的认知和应对方式改变了，你会想要在哪方面取得成功？

FAILING >>>
FORWARD

如果对失败的认知和应对方式改变了，你会想要在哪方面取得成功？

我不知道你现在正面临着什么样的困难，但不管是什么困难都不重要。真正重要的是，如果你能够从另一个角度来看待失败，就可以改变生活。只要学会转败为胜，你就有可能克服任何问题、错误和不幸。如果你准备好了，那就翻到下一页，让我们一起行动吧！

认清普通人和成功者之间存在重要差异

　　了解成功者如何处理困境，就能学会转败为胜的方法。请阅读以下两列清单，看看哪一种更接近你看待失败的态度：

<table>
<tr><td align="center">一败涂地</td><td align="center">转败为胜</td></tr>
<tr><td>• 责备他人</td><td>• 承担责任</td></tr>
<tr><td>• 重复同样的错误</td><td>• 从错误中学习</td></tr>
<tr><td>• 期待不再失败</td><td>• 明白失败是进步的一环</td></tr>
<tr><td>• 不断失败</td><td>• 保持积极的态度</td></tr>
<tr><td>• 一股脑儿地接受</td><td>• 挑战过时的观点</td></tr>
<tr><td>• 被过去的错误束缚</td><td>• 接受新的挑战</td></tr>
<tr><td>• 认定自己是失败者</td><td>• 相信问题的存在</td></tr>
<tr><td>• 逃避</td><td>• 坚持不懈</td></tr>
</table>

　　回想一下最近在遭受挫折时，你是如何应对的？不管困难多大，解决问题的办法不在于改变自己周遭的环境，而在于改变自己。这本身就是一个过程，并且取决于你是否愿意学习。如果愿意这么做，那你就能够正确认识失败了。从现在开始，请下定决心，全力以赴，实现转败为胜。

转败为胜的步骤：

认清普通人和成功者之间存在重要差异

重新定义失败和成功

FAILING

FORWARD

\>>>

重新定义失败和成功

伟人和平庸之辈的差距，往往在于他们如何看待错误。

——尼尔森·博斯维尔

02

1999年8月6日，蒙特利尔，一名棒球大联盟运动员走上本垒板并迎来了职业生涯中的第5113次三振出局，他无数次往返击球员区却无法完成挥棒击球。一名运动员平均每场比赛需要挥棒4次，连续这样多次出局，相当于连续8个赛季（多达1278场比赛）他都没有踏足一垒！

当晚这名运动员很失望吗？并没有。他认为自己和所在球队失败了吗？并没有。就在同一场比赛的早些时候，他登上一垒，并创下一项纪录，此前这项纪录在棒球历史上只有21个人完成过。他击出了自己的第3000次安打。这位选手是圣地亚哥教士队的托尼·格温（Tony Gwynn）。

在那场比赛中，托尼5次挥棒4次击中，这可非同寻常。通常情况下，他每3次挥棒就会有两次失败。这种表现可能听上去不怎么样，但如果你懂棒球，就会明白托尼能够持续保持三中一的成功率，足以使他成为那个时代最伟大的击球手。托尼也明白，为了击中球，他不得不三振出局。

10多年来，我都是托尼·格温的粉丝。住在圣地亚哥的时候，我买了教士队的季票。我目睹了他的处子秀，并持续关注他的发展。在他快要接近第3000次安打的时候，我希望能够亲临现场观战。在他达成里程碑的那天，我刚刚结束在芝加哥会议上的领导力课程，并计划第二天去费城。我急忙改签了我的航班，打电话邀请了我的女婿史蒂夫（他原来打算在下一个会议时和我碰头），我们分别搭飞机到蒙特利尔看比赛。

一路上，我觉得虽然时间很紧张，但应该能赶得上。飞机抵达机场时，一切都还比较顺利。但下飞机后，史蒂夫被海关卡住了。时间一分一秒地过去，我知道肯定会错过托尼的第一次击打。果不其然，等我们抵达体育场的时候，托尼已经完成了第3000次安打。

如何定义失败?

当意识到很可能会错过托尼的历史性时刻的时候，我们放弃了吗？不。当我们抵达体育场，并得知已经错过的时候，我们掉头回家了吗？不。当我想买一份赛程表却得知已经卖完的时候，我觉得我失败了吗？不。你看，我们高高兴兴地加入庆祝的队伍。和托尼一样，待在那里直到他创造纪录。

我们也得到了回报。在比赛后半段，托尼打出了一记界外球，我居然在看台上接到了球。几周后，托尼在这个球上亲笔签名，我也有了一件他完成第3000次安打的纪念品。

人们处理失败最大的问题在于过早地对生活中的单一事件下结论，并将其定义为失败。其实，他们应该心大一点。像托尼·格温这样的人并不会在意一次出局和失败，他是从全局的角度来看出局。他的远见使他坚韧不拔，这种坚韧又延续了他的职业生涯，并带来巨大的成功。

FAILING >>>
FORWARD

> 人们处理失败最大的问题在于过早地对生活中的单一事件下结论，并将其定义为失败。其实，他们应该心大一点。

失败不是……

重新定义失败有助于让人坚持不懈地努力，最终达成自己的目标。那么我们该如何看待失败呢？让我们先来看看以下七种错误的观点。

1. 有人认为失败是可以避免的——其实不是的

每个人都会失败或犯错。你肯定听过亚历山大·蒲柏（Alexander Pope）说的："犯错者为人，谅错者为神。"他只是把2000多年前古罗马时期的俗语重新解释了一下，其实现在的意思也差不多，就是人非圣贤，孰能无过。

你肯定知道墨菲定律和彼得原理。最近，我听说了几条关于如何做人的规则。以下这几条规则很好地概括了我们为什么被称为"人"的原因。

第一条：人会吸取教训。

第二条：从来没有失败，只有是否吸取了教训。

第三条：如果没有吸取教训，那就只会不断地重复同样的错误。

第四条：小洞不补，大洞吃苦。（痛苦是这个世界让你记得它的方式之一）

第五条：当你的行动发生变化，那就意味着你已经吸取教训了。

你看，作家诺曼·卡森斯（Norman Cousins）就说对了："人从本质上来说就是不完美的。"是个人，总会犯错的。

2. 有人认为失败是孤立事件——其实不是的

小时候，我觉得失败是一瞬间的事情。我能想到的最好例子就是考试，比如你得了个 F，那就意味着不及格。但慢慢地，我明白了，失败是一个过程。考试不及格，并不是偶发事件。得 F 说明你忽视了考试成绩产生的过程。

1997 年，我写了一本书，叫《成功的旅途》(*The Success Journey*)。这本书解释了什么叫作成功。它对成功的定义如下：

> 知道生活的目标，发挥潜能，播撒善的种子惠及他人。

那本书的结论即成功不是终点—— 也不是一天之内就能到达的。成功是一场旅途，取决于你每天的努力。换句话说，成功是一个过程。

失败也是如此，它不是一下子就到来的。失败和成功一样，不是随机事件，而是在生活的路上遇到的问题。不到最后一刻，没有人能够确定自己是否已经一败涂地了。一切都在发展中，结果仍未知。

3. 有人认为失败是客观的——其实不是的

当你犯错的时候——不管是错过了截止日期，搅黄了一桩买卖，给孩子做了一个错误决定，还是击球失误—— 一定想知道究竟是什么决定了这一行为是失败的？是取决于问题的严重程度，还是给你或者公司造成的损失？是取决于老板的怒火，还是同事的批评？不，失败不是这么定义的。你自己才是那个唯一可以定义什么是失败的人。

FAILING >>>
FORWARD

你自己才是那个唯一可以定义什么是失败
的人。

对失败的定义是很主观的，对于挫折的看法和反应决定了你的行动是否是失败的。

你知道吗？大部分创业者的第一桩生意都不会太成功。那第二次、第三次呢？在杜兰大学商学教授丽莎·阿莫斯（Lisa Amos）看来，创业者在成功之前失败的平均次数是3.8次，但是他们并没有被问题、错误和差错吓倒。为什么呢？因为他们没有把挫折看成是失败。他们相信前进三步、退后两步仍然意味着前进了一步。因此，他们战胜了平凡，成为成功者。

4. 有人认为失败是敌人——其实不是的

大多数人害怕失败，就像是见着了瘟疫一样，但只有逆境才能造就成功。美国职业篮球教练里克·皮蒂诺（Rick Pitino）非常赞同这个观点。"失败是好事，"他说，"它是成功的养料，我在教练生涯中学到的东西都源于犯错。"

害怕失败的人，根本就不是那些战胜失败的人的对手。赫尔伯特·V. 布罗克诺（Herbert V. Brocknow）认为："从不犯错的人，往往得听命于会犯错的人。"仔细观察成功者，你会发现他们从来不害怕犯错。做任何事情都是同样的道理，音乐理论家伊洛思·里斯塔德（Eloise Ristad）强调："允许自己失败，就取得了通往成功的钥匙。"

5. 有人认为失败是不可逆的——其实不是的

得克萨斯有句俗语："只要奶牛还在，就别在乎洒了多少牛奶。"换句话说，失败不是不可逆转的。要高瞻远瞩地看问题，有时你只看到了牛奶洒出来的时候，却没有看到全局。只有能够正确看待失败的人，才能在面对失败时泰然自若。

失败没有让他们放弃，成功也没有让他们觉得一帆风顺。

每件事——不论是好是坏——都是生活过程中的一小步。就像汤姆·彼得斯（Tom Peters）说的："如果不做蠢事，聪明的事又怎么会发生呢。"

6. 有人觉得失败是耻辱——其实不是的

失败不是永恒的。我很喜欢已故参议员萨姆·欧文（Sam Ervin Jr.）的观点："失败和胜利一样，撼人心魄，光耀千秋。"这就是我们应该学会的看待失败的方法。

当你犯错的时候，不要被失败打倒，也不要觉得失败是耻辱。要让每一次失败都成为通往成功的阶梯。

FAILING >>> FORWARD

创业者在成功之前失败的平均次数是3.8次。

7. 有人认为失败是终点——其实不是的

哪怕是那些看上去巨大的失败，也无法阻止你取得成功。让我们来看看瑟吉欧·柴曼（Sergio Zyman）的故事。他是新可乐（New Coke）——可口可乐公司此前推出的一款产品的幕后策划人，对营销顾问罗伯特·麦克马斯（Robert McMath）来说，这款新品简直是一个巨大的灾难。但成功引入了健怡可乐的柴曼相信，可口可乐公司需要勇敢的行动来扭转因与百事公司竞争而带来的长达近20年的市场份额下跌。

成功的过程

天才

成功的创业者

傻瓜

看上去像傻瓜

害怕变成傻瓜

他的方案是先停止销售这款畅销了近一个世纪的饮料，再改变配方，转而销售新品。1985年，这项持续79天的行动失败了，给公司带来了近1亿美元的损失，新可乐没有受到消费者的喜爱，这也导致了柴曼的离开。

然而新可乐的失败并没有使柴曼消沉，几年后，当被问及当初的冒险是否是个错误时，柴曼回答说："不，绝对不是。"

"是失败吗？""不。"

"是疏忽，失算抑或挫折？""介于'挫折'和其他词之间吧。"他回应道。"如果现在你告诉我，'你们采取的战略不起作用'，我会说，确实完全没起作用，但是这些行动总的来说还是积极的。"经典可乐的回归，让公司变得更加强大了。

已故可口可乐公司的主席、首席执行官罗伯特·戈伊苏埃塔（Roberto Goizueta）肯定了柴曼的做法。他在1993年重新把柴曼请回了可口可乐公司。戈伊苏埃塔说："最终还是看成效，我们按照结果论功行赏，绝对不根据对错来发薪水。"

一切取决于你

如果你总是徘徊在成功和失败的两极，并专注于生活中特定的事件，那就得学会全面地看待事物。这么做，就可以像使徒保罗（Paul the Apostle）说的那样："我学会了无论在什么情况下，都要学会满足。"考虑到保罗曾经遭遇海难、鞭笞、殴打、被扔石块和入狱，他的经历足以说明很多问题。经历了这么多事，信仰仍使他坚持不懈。他知道只要做的是应做之事，就不要在乎别人给你贴成功或者失败的标签。

在每个人的生活中都充斥着差错和困境，你必须知道：

> 当我们错误理解和应对差错时，差错会变成错误。
> 当我们持续错误地应对错误时，错误会变成失败。

能够转败为胜的人，通常把差错和困境看成日常生活的一部分，从失败中学习，然后继续前行。他们坚持不懈，最终达成了自己的目标。

华盛顿·欧文（Washington Irving）曾经说过："伟大的人有目标，而其他人只有愿望。渺小的人会被不幸击倒，伟大的人则会从不幸中成长。"

真相是很残酷的。条条大路都通向成功，但必须经过失败之地。那片地横亘在有梦之人和梦想之间。值得庆幸的是，任何人在战胜失败后都能实现梦想，作家罗伯·帕森斯（Rob Parsons）认为"明天属于失败"。

大多数人相信过程应该是简单的。伟大的美国发明家托马斯·爱迪生在意识到人们的这种态度时，他是这么说的：

人们失败的原因其实是因为太自大了。人们之所以不努力工作，是因为他们自以为无须努力就可以获得成功。大部分人都相信他们有一天能够一觉醒来就变成百万富翁。事实上，他们只对了一半，至少他们会醒过来。

当我们错误理解和应对差错时，差错会变成错误。当我们持续错误地应对错误时，错误会变成失败。

每个人都必须做出抉择，是选择混日子，不惜一切代价避免失败，还是醒来并意识到失败仅仅是我们为了取得成功而付出的代价。如果我们学会了重新定义失败，就可以继续前进，最终转败为胜了。

踩着悲剧的台阶向前推进

晚餐时，我听到了关于一个人在付出代价后取得成功的好故事。在去安缇安蝴蝶酥公司（Auntie Anne's Pretzels）讲课的时候，我正好与公司创始人安妮·贝勒谈了话。谈话中，她偶然提到她的英雄，福乐鸡（Chick-fil-A）连锁餐厅创始人楚特·凯西。

"想和他见个面吗?"我问道。

"你认识他?"安妮有点惊讶地问。

"当然啦，1997年我把音久集团搬到亚特兰大的时候，楚特和他的儿子丹·凯西给我提供了很多帮助。他们是很棒的朋友，让我来安排你们一起吃个晚餐吧。"

说罢，我立即定了日子，我和妻子玛格丽特邀请了楚特·凯西、安妮·贝勒和乔纳斯·贝勒、丹·凯西和隆达·凯西一起共进晚餐，我们聊得非常愉快。我惊讶地发现，安妮和丹（福乐鸡的总裁）非常大方地分享了各自公司的信息。

看到他们聊得如此开心，我非常高兴。对我来说，最重要的是听到了楚特·凯西分享的在餐厅初创时期和成立福乐鸡连锁餐厅的故事。

一切是怎么开始的

楚特描绘了自己的童年时代，这让我觉得他是一个天生的创业家。二年级的时候，他发现可以用25美分买6罐可乐，用5美分一瓶的价格卖掉后，就能获得20%的利润。后来，他又开始把软饮料冰镇了之后卖，以此来增加收入。天气转冷后，饮料卖不动了，他又开始卖杂志。

11岁的时候，他开始帮邻居送报纸。12岁的时候，他就开始自己送报纸了。

与同时代的许多年轻人一样，楚特参军了。1945年退伍后，他做好准备，抓住了机遇。最开始吸引他的是开餐馆，他梦想着与他的兄弟本一起工作。在有了点做生意的经验之后，他们东拼西凑了一些钱，在佐治亚州亚特兰大市南面的哈皮维尔找了块地，盖了一家餐厅，取名"矮人餐厅"（后改名为"矮人之家"）。餐厅24小时营业，每周开六天，需要投入大量的精力。开业第一周的收入不错。然而没过多久，楚特碰到了第一个大麻烦。

巨大损失

第一个麻烦在餐厅开业三年后早早地到来了。楚特的两个兄弟乘坐的小型私人飞机在前往田纳西州查塔努加市途中失事坠毁了，两人都不幸遇难。失去一位生意伙伴已经很难熬，更不用说同时失去两个兄弟了，楚特因此而深受打击。但他战胜了这个挫折，继续奋斗。一年后，他买断了本的遗孀尤妮斯的股份。又过了一年，他开了第二家餐厅。

一切似乎进展得还挺顺利，然而有一天晚上，他被电话铃声惊醒，并被告知第二家店着火了。他在匆忙中赶到现场，到的时候，餐厅已经完全烧光了。光火灾就已经够倒霉了，更糟糕的是，他居然没有买火灾保险。

几周后，楚特碰到了另一个大麻烦，医生说他的结肠里长了息肉，必须立即切除。在这个时间点上，这简直是太糟糕了，他选择去做手术，没有立即着手重建餐厅，可结果一个手术却变成了两个。更令人沮丧的是，手术后几个月他都没法下地活动。这对一个精力充沛的经营者来说简直无法忍受。

把柠檬变成柠檬汁……和鸡肉三明治

当一个活力十足的企业家被困在床上好几个月，他会做什么呢？如果那个人是楚特·凯西，那他肯定会想出一个价值百万美元的点子。在休养期间，楚特有了新的想法。他非常喜欢鸡肉，这也是矮人之家的主打菜品之一。有一段时间，餐厅的菜单上曾经提供过无骨鸡胸肉。那如果把鸡胸肉调好味后煎一下，放进汉堡胚，再配上调味料，会发生什么呢？福乐鸡三明治就这样诞生了，福乐鸡也因此成为世界上最大的私营连锁餐厅之一。

今天楚特·凯西被快餐业公认为是鸡肉三明治的发明者，福乐鸡在美国运营了超过900家餐厅，在南亚特兰大拥有占地73英亩共计20万平方英尺的总部。2000年，福乐鸡成为一家10亿美元级别的公司，成为餐饮界最成功的案例之一，累计卖出了几百万份鸡肉三明治和无数的鲜榨柠檬汁，生意越做越大。如果楚特·凯西没有经历过这些挫折，坚持自我，明白偶尔的困难并不会导致失败，那就不会有后来的成功。

托马斯·爱迪生说过："生活中有很多失败，是因为人们在放弃的时候，没有意识到成功其实近在眼前。"如果可以改变对待失败的态度，你就具备了赢得人生长跑的毅力。要重新定义失败，把失败看成是进步的代价。如果能这么做，就能在转败为胜过程中占据优势地位。

FAILING >>>
FORWARD

生活中有很多失败，是因为人们在放弃的时候，没有意识到成功其实近在眼前。

——托马斯·爱迪生

转败为胜的第二步　　　　　　　　FAILING FORWARD

学会重新定义失败

如何重新定义失败，并学会从另一个角度来看待失败和成功呢？解决办法就是犯错。想联系统公司（Idea Connection Systems）的查克·布劳恩（Chuck Braun）鼓励实习生通过使用犯错配额，换个角度看问题。在每次的训练课程上，他都会给每位学员30个犯错的配额。如果有学生把配额用光了呢？他还能再获得30个配额。通过这个办法，学员得以放松，从全新的角度来思考问题，学习效果很好。

当你下次碰到大项目或者大任务时，也尝试给自己一个犯错的配额。你觉得自己会犯多少次错误呢？20次、50次，还是90次？给自己一个犯错的配额，并在完成任务前用完这些配额。请记住，错误并不能定义失败，错误只是成功路上需要付出的代价。

转败为胜的步骤：

1. 认清普通人和成功人士之间存在重要差异
2. 学会重新定义失败

失败了，就一定是失败者吗？

如果失败没有直击心脏，那还不算糟。
如果成功没有冲昏头脑，那还算好的。

——格兰特兰德·赖斯

03

在几年前的一次采访中，戴维·布林克利曾经问咨询专栏的作家安妮·兰德斯读者最常问的问题是什么。她的答案是："我到底怎么了？"

兰德斯的回答在很大程度上反映了人类的天性。很多人在试着努力克服挫败感，但其中最有破坏性的，其实是对自己的怀疑。他们会问："我是失败者吗？"这是个难题，我相信基本上没有人能够在自认为是失败者的前提下，转败为胜。

咨询专栏作家（比如安妮·兰德斯）和幽默专栏作家都认为，正确地看待自己，对于克服逆境和错误至关重要。1996年，已故"每周一笑"联合专栏作家艾尔玛·邦贝克在去世前几周，就深刻地体会到了不屈不挠和转败为胜的意义。

从报社新人女秘书到《时代》杂志的封面女性

艾尔玛·邦贝克的事业在起步阶段时十分艰辛。她在年轻的时候就进入了新闻行业，十几岁就找到了第一份工作，在《戴顿新闻先驱报》（*Dayton Journal Herald*）当一名女秘书。后来她辞职去俄亥俄大学进修，一位指导老师曾经建议她："忘掉写作吧。"但是她拒绝了。不久，她转学到戴顿大学，于1949年毕业并获得英语学位。没过多久她开始在讣告专栏和女性版面担任作者。

那一年，她的生活遇到了问题。婚后，她最大的愿望是成为一个母亲。但令她沮丧的是，医生说她无法生育。她放弃并自认失败了吗？没有，她和丈夫领养了一个女儿。

两年之后，艾尔玛惊喜地发现自己怀孕了。在那四年里她先后4次怀孕，但只有两个孩子活了下来。

1964年，艾尔玛说服编辑，在附近一家叫《凯特灵—奥克伍德时报》（*Kettering-Oakwood Times*）的小报社，开设了"每周一笑"专栏。尽管当时写一篇专栏只能得到可怜巴巴的3美元，她还是坚持了下来。这为她的事业打开了一扇门，一年后她得到一个为老东家《戴顿新闻先驱报》撰写专栏的机会，每周写3篇。到1967年，她的专栏获得超过900家报纸的转载。

艾尔玛写幽默专栏的时间长达30多年。在这段时间里，她出版了15本书，被认为是美国25位最具影响力的女性之一，并经常出现在电视节目《早安美国》中，还成了《时代》杂志的封面人物，获得了无数荣誉（比如美国癌症协会的荣誉奖章），并被授予15个荣誉学位。

她的困难超乎常人

在那段时期，艾尔玛·邦贝克经历了让人难以置信的困难和考验，包括乳腺癌、乳房切除和肾衰竭，但她并没有羞于分享自己对生活的态度：

在开学典礼上，我告诉台下的听众，我之所以能够站在台上，不是因为成功，而是因为失败。然后我向他们细数我的失败——一张在贝鲁特只卖出两张的喜剧碟片……一出和甜甜圈差不多长的情景喜剧……一场未曾在百老汇上演的百老汇戏剧……一场只有两个人的签书会：其中一个人问我厕所怎么走，另一个则想买下我的桌子。

你要做的就是告诉自己："我并不是一个失败者，我只是搞砸了一件事。"这可有很大的差别……我的个人生活和职业之路都颇多坎坷。我曾经失去了我的孩子，失去了双亲，罹患癌症，还得为孩子担心。我赖以生存的秘诀，就是把所有问题都摆到一起来看。

这个态度使艾尔玛·邦贝克能一直脚踏实地（她喜欢称自己为"前课业辅导母亲和讣闻作家"）。这也使她在经历了失望、病痛、手术和日复一日的透析后，还能笔耕不辍，直到 69 岁去世。

FAILING >>>
FORWARD

告诉自己："我并不是一个失败者，我只是搞砸了一件事。"这可有很大的差别。

每一个天才，都可能成为失败者

每个成功者，都曾遭遇失败，但他们从不认为自己失败了。比如，音乐天才——沃尔夫冈·莫扎特，他的歌剧《费加罗的婚礼》曾被费迪南德国王批评说"过于嘈杂，音符太多"。绘画大师文森特·凡·高的画作虽然现在常常刷新拍卖纪录，但他在世的时候，只卖出过一幅画。史上最高产的发明家——托马斯·爱迪生在小时候曾被人评价说"孺子不可教也"。还有伟大的物理学家——阿尔伯特·爱因斯坦，过去曾被慕尼黑的校长评价为"难成大器"。

可以说，所有伟大的成功者，在很多时候都曾被认为是失败者。但他们不屈不挠，在逆境、被否定和失误面前，他们继续相信自己，拒绝将自己归入失败者行列。

FAILING >>>
FORWARD

> 所有伟大的成功者，很多时候都曾被认为
> 是失败者。但他们不屈不挠。

转败为胜不是盲目自大

在过去的这些年里，美国的教育者们目睹了学生们的考试成绩江河日下，学习热情一落千丈，他们亟须找到扭转这种颓势的办法。其中一个备受欢迎的教育理论指出，提升孩子能力的最佳方法是增强他们的自信心。教育者觉察到，成绩好的学生都很有自信。他们也由此推断，只要帮助孩子建立起自信心，他们的学习能力就会随之提高。但这种方法却事与愿

违，研究者发现，单单培养孩子的自我意识会导致很多负面情况。比如：不求上进，没有克服困难的能力，以及听不得批评。

我认为，表扬人，特别是小孩，那肯定是好事。我相信，你对一个人的期待值，决定了他能否有所作为；我同样相信，表扬必须基于事实，绝对不可以瞎编理由来夸奖人。下面是我用来鼓励和引导别人的方法：

　　　　重视，表扬，奖励。

这个方法我屡试不爽，甚至对自己都管用。工作还没完成，我决不奖励自己。接到任务或项目时，我尽力而为，不管结果如何，都坦然面对，不至于会紧张到失眠。不管是否失败，不管犯了多少错，也决不因此而贬低自己。常言道："上帝喜欢失败者——因为没失败过的人在这世上根本不存在。"

保持积极的态度，不让自己觉得像个失败者，这对大多数人来说确实很难。但是，不管现在或过去是否失败，你都得学会拥有积极的心态。

转败为胜的七项必备技能

下面是成功者转败为胜的七项必备技能。

1. 成功者拒绝放弃

作家詹姆斯·艾伦（James Allen）说过："我思故我在，性格是思想的产物。"这也说明了正确的思维是多么重要。

永不言弃的人会不断试错，他们不以表现来断言自身的价值。相反，他们非常了解自己。他们不会承认"我是个失败者"，而更愿意说"这次是我的失误"或者"我犯了一个错误"。

心理学家马丁·E.塞利格曼（Martin E.Seligman）相信，面对失败时我们有两种选择：一是内化，二是外化。他说："失败时责备自己的人……觉得自己真没用，才疏学浅，不招人爱。而那些责怪外部因素的人，在遭遇打击的时候，不会失去自信。"正确对待失败，为自己的行为负责，但也不要把失败看得太严重。

2. 成功者认为失败是暂时的

把失败看得过重的人会觉得自己掉进了一个坑，而且永远爬不出来了。但成功者认为，困境往往是暂时的。美国前总统哈里·杜鲁门就是个很好的例子。1922 年，38 岁的他债台高筑，又面临失业。但到了 1945 年，他成了这个世界上最具权威的领导者之一，地位无可取代。如果当时他把失败看作是永恒的，就可能裹足不前，不再相信自己。

3. 成功者视失败为单一事件

作家里奥·布斯卡利亚（Leo Buscaglia）曾经表达过自己对烹饪大师茱莉亚·查尔德（Julia Child）的仰慕之情："我就喜欢她的态度。她说：'今晚我们来做蛋奶酥！'然后她敲敲这个，拌拌那个，中间还有东西掉在了地上……就像平常人做的那样……接着她把蛋奶酥扔进烤箱，聊一会儿天。最后，她说：'烤好啦！'但当她打开烤箱，蛋奶酥扁得像个煎饼。她惊慌得泪流满面了吗？并没有！她微笑着说：'常在河边走，哪能不湿鞋，希望你喜欢吃！'"

成功者把失败视为单一事件，而不是关乎一辈子的事。如果想成功，就不要让单一事件左右你对自己的看法。

FAILING >>>
FORWARD

成功者把失败视为单一事件，而不是关乎一辈子的事。

4. 成功者制订目标时会实事求是

越渴望成绩，就越需要做好心理准备来应对困难和保持坚持不懈的精神。如果你只想与街坊邻里闲聊过日子，你大可不必担心人生中会有太多困难；但如果你想攀登珠穆朗玛峰，那就另当别论了。

战胜困难需要时间、努力和能力。当一切不完美的时候，不要做不切实际的预期，这样就不会太过失望。

1954年的棒球揭幕战很好地说明了这一点。在密尔沃基勇士队（Milwaukee Braves）对阵辛辛那提红人队（Cincinnati Reds）的比赛中，两队都有新人首次亮相。红队的新人击出了4个二垒安打，帮助球队以9∶8的比分获胜。勇士队的新人5次上场都空手而回。红人队的球员叫吉姆·格林格拉斯（Jim Greengrass），估计没人听过他的名字。另外一个可能你熟悉一点，他叫汉克·亚伦（Hank Aaron），后来成为美国棒球史上最出色的本垒打型球手。

假如亚伦对第一场比赛的预期过高的话，谁知道他后来会变成什么样呢！说不定他现在已经放弃棒球了。他肯定对自己那天的表现不满意，但他也不认为自己是失败者，努力训练了这么长时间，他决不会轻言放弃。

5. 成功者着眼于长处

成功者不会把失败看得过重的另一个方法，就是着眼于自己的长处。有人曾经问新泽西魔鬼曲棍球队（New Jersey Devils）的前任教练鲍勃·布特拉（Bob Butera），是什么使他们成为胜者。他回答说："胜者与败者最大的不同在于，胜者把注意力集中在自己能做的事上，而不是不能做的事上。如果一个球员擅长射门，但是滑得不好，那我们就会让他专注在射门上——千万别去想别人滑得比你快，重点在于记住自己的长处是什么。"

如果你的短处与性格有关，那就更得注意了。必须学会改变自己。转败为胜最好的方法就是开发并最大化自己的长处。

6. 成功者有多种途径取得成功

博恩·崔西（Brian Tracy）在《成功心理学》（*The Psychology of Achievement*）中写了4位在35岁就成为百万富翁的人。这些人在成功之前平均从事过17种不同的行业。通过不断尝试，不断改变，最终找到了自己最擅长的工作。

成功者更愿意采用多种方法来解决问题。这一点不只适用于商业领域，各行各业都是如此。比如，如果你是田径运动的粉丝，那一定会喜欢看跳高比赛。我常常被比赛中男女运动员成功越过的高度征服。在20世纪60年代，这项运动在技术上有了巨大的变化，允许运动员打破旧纪录，冲刺新高度。引领这一变化的是迪克·福斯贝里（Dick Fosbury）。当其他运动员还在使用跨越法，面对横竿跳高的时候，福斯贝里开发了一项技术，可以背朝下，让头先过竿。这个背越式跳高技术后来被命名为"福斯贝里跳"。

开发跳高新技术是一回事，别人能否接受则另当别论。福斯贝里说："人们一再告诉我，我不可能成功，我一定赢不了别人，这项技术绝对行不通。我只是耸耸肩，然后对他们说：'咱们走着瞧吧。'"

最终，福斯贝里赢得了1968年墨西哥城奥运会的金牌，打破了奥运会纪录，同时创造了新的世界纪录。从那以后，几乎所有世界级的跳高选手都采用了他的技术。为了实现目标，福斯贝里采用了很多方法，别人的批评他不予理睬，因为那会让他看上去像个失败者。

7. 成功者能够重新振作

成功者都拥有在犯错、失误和失败之后重新振作的能力。心理学家西蒙尼·卡鲁瑟斯（Simone Caruthers）说过："生活是由一连串的结果构成的。有时候结果如你所愿，那就想想自己做得对的地方；有时候结果并非你所愿，那就想想自己做得不对的地方，避免下次再犯。"

无论发生什么，成功者都能够继续前行。因为他们清楚，失败一次并不意味着他们永远是失败者。别把失败看得太重，这样才能避免跌入失败的泥淖。

一个不愿成为失败者的人

据我所知，最好地诠释了自己不愿成为失败者的主人公是丹尼尔·鲁迪。他从小的梦想就是加入圣母大学橄榄球队。你肯定看过根据他的生平拍摄的电影《追梦赤子心》。电影虽好，但真实故事更加精彩。

鲁迪从小就热爱体育，作为在贫穷的工薪家庭出生的14个小孩中的老大，他坚信那是能够帮助他离开伊利诺伊茱莉亚城的办法。在高中时，他全身心投入到橄榄球运动中，可惜梦比天高，他反应迟钝，身高170厘米，体重86千克，不是很适合橄榄球运动。

鲁迪的梦想

高三时，鲁迪梦想进入圣母大学并参加橄榄球队，但另外的问题出现了，他的成绩比他的体形还要糟。"我以全班第三名的成绩毕业，"他很喜欢这么说，"不是顺着数，是倒数的。"他只是一个D等生，高中毕业时平均分才1.77分。

在接下来的几年中，鲁迪尝试了各种事。他去大专学习了一个学期，结果没一门课及格。尽管知道那份工作毫无前途可言，他还是去茱莉亚城当地的爱迪生发电站工作了两年。后来他又到美国海军服役两年，这成了他人生的转折点，他在那儿发现自己并不笨，并且能够承担责任。

从海军退役后，他回到茱莉亚城的发电站工作。不管家人、朋友和同事怎么说，他想去圣母大学的愿望变得越发强烈。他觉得自己并不是个失败者，肯定有办法能够去南岸市。

用行动说话

如果你看过电影，你一定知道鲁迪最终实现了目标。他辞去了发电站的工作，搬到南岸市，并成功进入圣母大学下属的社区学院——圣十字学院。他在圣十字学院学习了两年，每学期的平均分都达到4.0，最终圣母大学录取了他。26岁那年，他进入了梦想的大学——那时距离他高中毕业已经过去了8年。

代表学校参赛的资格只剩两年了，鲁迪全身心地投入橄榄球运动。他成为球队的候补，平时只能给优秀球员热场。鲁迪全力以赴，努力训练，一年后，他从候补球员的末位爬升为先发球员。大学的最后一年，他更加卖力，终于在最后一个赛季的闭幕战中，实现了上场的梦想。

鲁迪的最后一个机会

电影中，鲁迪在比赛后段得到了一次表现机会，并撞倒了四分卫。但事实其实不是这样。"真实情况是，我有两次机会能够撞倒对方的四分卫，"鲁迪说，"第一次，我没踩对点，因为太心急了所以没表现好，失败了。"但鲁迪没有却步，他想要转败为胜。

他接着说："我知道这是最后一次机会了，他们开球的时候，我一点都不担心失败。我已经失败过了，而且知道失败的原因。我来告诉你该如何消除恐惧，那就是不断学习，直到有信心在球队最需要你的时候展现自己……当对手最后一次开球时，我把脑海里排练过的动作拿出来，撞倒了那个四分卫。"

队员们兴奋极了，把他扛在肩上庆祝胜利。这在圣母大学橄榄球队的历史上是唯一一次获胜。

现在，鲁迪是一位励志演讲者。不管你信不信，他正是电影《追梦赤子心》的幕后策划人。当然，这个过程非常不易，花了他足足六年的时间。（不过这比他为进入圣母大学付出的时间少了两年！）

好莱坞的人告诉他："你不是保罗·霍宁（Paul Horning）或者乔·蒙塔纳（Joe Montana）。"鲁迪也认同这种说法。

"他们都是独一无二的，"他说，"像我这样的人，数以百万计。"这才是鲁迪故事的动人之处。他没有迈克尔·乔丹那样的运动天赋，也不是莫扎特、凡·高、爱迪生或爱因斯坦这样的天才，他就是一个和你我一样的平凡人。他能够出人头地的唯一原因，是不愿向失败低头。他的感悟是，无论你被失败打倒多少次，都不能投降。

转败为胜的第三步　　　　　　　FAILING FORWARD

让自己远离失败

一直觉得自己是个失败者可不好，你得从这种负面的思维模式中跳脱出来。回顾一下生命中无数次使你失败的地方，并按照以下步骤做：

- 检视自己在某个方面的预期，然后把它们写下来。这些预期实现了吗？你做所有事是不是都追求完美？你是不是渴望过一次成功？在成功之前，你计算过会犯多少次错误吗？调整自己的预期。
- 尝试新的做事方式。想出20种新的方式，然后尝试其中10种。
- 专注于自己的优势。如何运用自己的技能和优势来实现效益最大化？
- 重新振作。不管失败多少次，重新爬起来继续前行。

别等到自己感觉良好的时候才开始行动，先行动起来，慢慢地你就会渐入佳境，这是积极面对困难的唯一办法。

转败为胜的步骤：

1. 认清普通人和成功者之间存在重要差异
2. 学会重新定义失败
3. 让自己远离失败

老得哭不出，痛得笑不了

怕什么，来什么。

——维克托·弗兰克尔

04

大家肯定听说过莱特兄弟——20世纪初，这两位自行车技工开创了有人驾驶动力飞机的先河。

回顾奥维尔和威尔伯·莱特（Orville and Wilbur Wright）在1903年12月17日第一次飞行时的情境，颇有趣味（这个故事很好地解释了如何转败为胜）。你可能不知道，在那天之前，莱特兄弟还只是没有接受过大学教育的无名小卒，与航空领域的领军人物相距甚远。与他们的籍籍无名相比，另外一位，则是众望所归能够让飞机飞上天的人。

那个人就是塞缪尔·P.兰利（Samuel P. Langley），他曾是受人尊敬的数学、天文学教授，时任史密森学会（Smithsonian Institution）主任。兰利是一位很有成就的思想家、科学家和发明家，出版了好几本空气动力学的重要著作，关于有人驾驶飞行器有相当的见解。事实上，在19世纪90年代后期，他曾使用大型无人飞机完成了大规模的实验，并取得了成功。

受委托设计飞机

1898年，兰利向美国战争部（国防部前身）申请经费，用于设计和制造载人飞行器。彼时战争部拨款5万美元，这在当时是相当可观的一笔费用。兰利立即投入研发工作。1901年，他史无前例地成功开发出一架由汽油驱动的"重于空气的飞行器"，之后他邀请了查尔斯·曼利（Charles Manley）加盟团队——此人根据史蒂芬·巴尔扎（Stephen Balzar）的设计新研制出了一种大马力轻型引擎——看上去他的成功指日可待。眼看着自己多年的努力即将结出硕果，1903年10月8日，在记者和观众的见证下，查尔斯·曼利身着软木救生衣，走过改装后的船坞，爬进了被称为"大航空站"（the Great Aerodrome）的航空器驾驶舱。这个大型动力设备被安放在一个特制的弹射器顶部，以便发射升空。但在发射时，航空器的部分被卡住，双翼飞机掉进了16英尺深的水中，这距离船坞还不到50码。当时人们对兰利的恶评如潮，比如《纽约时报》有一篇报道提道：

> 兰利的飞行机器试飞简直贻笑大方，大出洋相，但这并不让人意外。这样的飞行机器估计需要数学家和机械学家花费100万年到1000万年的不懈努力与合作，才有可能成功……这一问题对于有兴趣的人来说，肯定有很大的吸引力，但对普通人来说，还不如去做一些回报更高的事情。

面对失败

一开始，兰利并没有被失败或随之而来的批评声击倒，8周后的12月初，他和曼利再次尝试飞行。他们对航空器进行了大量调整，然后曼利又一次爬进驾驶舱，准备创造历史。但和上次一样，灾难再次发生了，这次，支撑机翼的缆绳在起飞时断裂，飞机再次被卡在发射台上，然后四脚朝天地翻进了河里，曼利也差点因此丧命。

批评的声浪更加猛烈。他的大航空器被人戏称为"兰利的荒唐发明"，兰利本人则被指责为浪费公共资金。《纽约时报》评论道："我们希望兰利教授不要侮辱自己作为伟大科学家的名号，再浪费时间和金钱去做飞机实验。"兰利没有再坚持下去，他后来说："我已经完成了自己独一无二的工作——进行机械飞行的示范。下一步要把这个想法商业化并取得实质性进步，你们得另寻高人了。"换句话说，兰利放弃了。在备受挫折、士气低落后，他放弃了十几年来在飞行上的探索，甚至没有看到自己的飞机升空。几天后，奥维尔和威尔伯·莱特，两个籍籍无名，既没有受过教育又没有资金资助的人，在北卡罗来纳州基蒂霍克的沙丘上，成功试飞了他们的"飞行者一号"飞机。

两种看法

作家J.I.巴刻（J. I. Packer）说："在成功的一瞬间，人们会觉得这一刻之后什么都无所谓了；在失败的一瞬间，人们会觉得一切都完了。这两种感觉都不是真实的，因为任何一件事都不是你感觉的那样。"

莱特兄弟并没有因为成功而停滞不前。1903年12月的一战成名，并没有让他们觉得自己已经功成名就。他们继续实验和工作，渐渐地，大众也认可了他们的成就。反之，兰利因一时的失败而认为一切都完了，他放弃了自己的实验。两年后他中风了，又过了一年，他就去世了。今天，连小学生都知道莱特兄弟，而兰利却只被很少的航空迷记得。

当失败让你痛彻心扉

塞缪尔·兰利经历过的事情，今天在许多人的生活中被不断重复。他们被失败击倒，无法实现梦想。

我们必须直面挫折。失败很痛苦——肉体上如是，精神上更甚。目睹自己的理想落空，确实痛彻心扉。如果别人再火上浇油的话，那就更痛苦了。战胜失败的最重要一步，就是不要把失败看得太严重——可以确定的是，它不会让你变成失败者。

FAILING >>>
FORWARD

战胜失败的最重要一步，就是不要把失败看得太严重。

这里面还有更深层的含义，对大多数人而言，失败的痛苦会使人产生恐惧，就像那个说着"老得哭不出，痛得笑不了"的人一样，很多人会就此陷入恐惧的怪圈。如果被恐惧吓倒，再想转败为胜就难了。

不要陷入恐惧的怪圈

让我们来看看，如果一个人无法克服对失败的恐惧，并陷入恐惧的怪圈中，通常会是一种什么情况。

之前的困境会使人产生对失败的恐惧，进而陷入怪圈。比如，有人在孩提时曾尝试挨家挨户地兜售糖果来赚取学费，但没有赚到钱。

恐惧

无力

恐惧怪圈

无能

缺乏经验

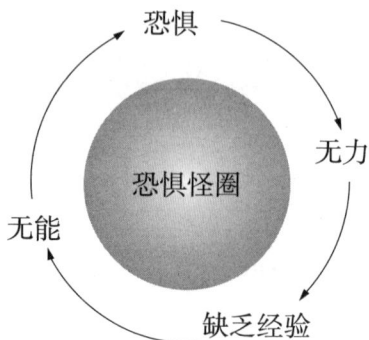

当他成年后身处相似的环境时，也会害怕挫折。不管是要打无数电话给客户的销售员，还是亲自上门传教的牧师，小时候失败的阴影都会使其恐惧，这种害怕被人拒绝的恐惧会导致人想逃避，使其最终缺乏实际行动，无法获得经验，而这种经验正是学习并克服未来困难的良方。缺乏经验会使人在面对类似情况时无能为力，恐惧只会形成恶性循环，使问题得不到解决，而一般人往往难以打破这种怪圈。

恐惧失败使人裹足不前

当人陷入恐惧怪圈时，会表现出各种逃避的态度。据我所知，通常有三种：

1. 麻痹

对有些人来说，对失败的恐惧会使他完全麻痹，他们不再愿意尝试任何可能导致失败的事情。杜鲁门曾提出过这样的观点："我们面临的最大危险，就是被怀疑和恐惧所麻痹。这种危险是那些放弃信仰、嘲笑希望的人造成的，也是那些散布犬儒主义和不信任，试图蒙蔽我们，不让我们看到为人类谋福利的人造成的。"被恐惧麻痹的人，放弃了继续前进的希望。

2. 拖延

另外一些人，虽仍保持着前进的希望，但从来不会脚踏实地地做事。有人曾经说，拖延是滋长困难的养料。维克托·齐亚姆（Victor Kiam）则称此为机会的天敌。

拖延偷走了时间、效率和潜力。就像肯尼迪说的："尽管行动会带来风险和代价，但总比舒适地偷懒要好得多。"因为害怕失败而拖延，这代价未免有点大。

3. 失去目标

《追求卓越》一书的共同作者汤姆·彼得斯（Tom Peters）认为，没有什么比失去目标更糟糕的了。很多害怕失败的人在一天快过完的时候会暗自庆幸："还好今天没有搞砸什么。"为了避免尝到失败的痛苦，他们不去追求有价值的目标，失去了曾经拥有的目标。

对失败的恐惧以及由此产生的消极情绪交织在一起，那些陷入恐惧怪圈里的人会有以下表现：

- 自怜自艾。觉得自己很可怜，且随着时间流逝，越不愿意为自己的不作为负责，把自己当成受害者。

- 满嘴借口。一个人可以跌倒很多次，但如果总是怪别人把自己推倒，那他注定是个失败者。如果犯错了，就找个借口开脱，那可真是错上加错。只有对自己的行为负责，才能走出恐惧的怪圈。

- 滥用精力。习惯性恐惧会分散人的注意力，使精力四处安放，注意力无法集中。这就好像把车挂在空挡，然后对着油门猛踩一通般无济于事。

- 绝望无助。如果放任其发展，恐惧和逃避会夺走人的希望。诗人亨利·华兹华斯·朗费罗（Henry Wadsworth Longfellow）这样描述道："希望，就好像西沉的落日，生命之光从此凋谢。"

打破怪圈

那些想要逃离恐惧怪圈的人，常常会因为自己势单力薄而产生愧疚感。但他们之所以陷入这种怪圈，原因之一就是在精力分配时出错了。既然是恐惧催生了这种怪圈，要破除怪圈就得先消除恐惧。

对大多数人来说，恐惧无可避免，消除恐惧没有灵丹妙药，也不能等万事俱备了才开始行动。要克服恐惧，必须先感知它，并立刻采取行动。几年前，我坐在医院候诊室里，碰巧在一本医学杂志里读到几段关于行动的描述：

我们几乎天天都能听到：唉，唉，唉。

我就是没法让自己动起来……（减肥、测血糖等）。我们也听到许多的糖尿病医护人员因为无法说服病人做有助于康复的锻炼而叹息。

照我说吧，动机不是灵光乍现，也不是其他人——你的护士、医生与家人能够给予或强加于你的。它不是你等就会出现的。忘记动机吧，让锻炼、减肥、测血糖或者其他实际行动来说话。不要守株待兔了，开始行动之后，它自会找上门来，你也会更有动力做下去。

动机就好像爱和幸福一样，是一种副产品。当你积极投入其中，它会在出其不意的时候悄悄靠近你。

就像哈佛大学心理学家杰罗姆·布鲁纳（Jerome Bruner）说的："先行动再感觉，比先感觉再行动更靠谱。"立即行动吧！做自己应该做的事。

动起来，加点油，犯点错，继续走

剧作家萧伯纳认为："在一生中无数次犯错的人，不但令人尊敬，而且比一事无成的人生要有意义多了。"要克服恐惧，打破怪圈，就必须意识到，在生命中的大部分时间人们都在犯错。如果已经懒惰了很长时间，想要重新行动起来就会变得很难。但一旦开始行动，一切就会变得简单。

立即行动起来，不断犯错，才能获得经验。罗斯福总统说过："不犯错就不会进步。"这些经验最终会变成能力，帮助你少犯错误，对失败的恐惧也会与日俱减。要打破怪圈，就得从实际行动开始，必须先行动再感觉，不要等着感觉来扛着你走。

FAILING >>>
FORWARD

先行动再感觉，比先感觉再行动更靠谱。

——杰罗姆·布鲁纳

一则非洲的故事就很好地说明了这一点：

非洲羚羊在每天早晨醒来时，知道自己必须比跑得最快的那头狮子更快，否则就会被杀死。狮子每天早晨醒来，就知道自己必须比跑得最慢的那只羚羊更快，否则就会饿死。

不管是狮子还是羚羊，当太阳升起的时候，他们就得起跑了。

如果你常常无法转败为胜，那就必须立即行动。不管是什么阻拦了你，不管你蛰伏了多长时间，打破怪圈的唯一方法就是直面恐惧，采取行动，哪怕是很小的一步。

天才也有落魄时

很多没那么成功的人会陷入恐惧的怪圈，但其实那些很有成就的人也常遭遇这种情况。如果你看看作曲家乔治·弗雷德里克·亨德尔（George Frederick Handel）的生平，就会发现他尽管成就不凡，但也陷入了一个他迫切想要冲出的怪圈。

亨德尔曾是一个音乐神童。虽然父亲希望他学习法律，但他从很小的时候就开始对音乐很感兴趣。17岁的时候，他在家乡哈勒的大教堂里担任风琴演奏师。一年后，他成为汉堡恺撒歌剧院的小提琴手和钢琴师。21岁的时候，他已经成为著名的钢琴家。后来他专注于作曲并声名大噪，被任命为汉诺威王储（后来的英国国王乔治一世）的乐队指挥。搬到英国之后，他的声名更盛于从前，40岁的时候就已经蜚声国际了。

时运不济

尽管亨德尔集才华与盛名于一身，但还是遇到了很多困难。他与英国作曲家之间的竞争非常激烈，口味多变的听众有时候不来听他的音乐会。他也是不断变化的政治形势的受害者，他曾好几次身无分文，濒临破产。他难以承受被拒绝和失败的痛苦，特别是在享受过成功的喜悦之后。后来，他的健康状况恶化，这更是雪上加霜。他曾罹患中风或癫痫，这使他的右臂无力，右手四根手指丧失了功能。尽管后来康复了，但他从此有些垂头丧气。1741年，虽然当时亨德尔不过56岁，他还是觉得自己该退休了。他当时意志消沉，债务缠身，随时可能被债主抓去关到监狱里。4月8日，他举行了告别音乐会。在失望和自怜下，他选择了放弃。

前进的灵感

同年8月，不可思议的事情发生了。一位富有的朋友查尔斯·詹宁斯（Charles Jennings）拜访了亨德尔，并带来一份记述基督生平的歌词，那个作品激起了亨德尔作曲的兴趣，他的灵感喷薄而出，打破了原先的一潭死水。整整21天，他几乎没有停下来。

加上两天的编曲时间，他一共花了24天完成了260页的谱子。他将这个作品命名为《弥赛亚》。

今天，《弥赛亚》被公认为是亨德尔的代表作和经典之作。事实上，亨德尔传记的作者之一，纽曼·福劳尔爵士（Sir Newman Flower）说："《弥赛亚》这部作品，其内容之宏大，创作时间之短暂，足以使它被称为音乐创作史上的最佳作品。"

过去的成功或失败经历，与你能否克服因失败造成的心理创伤毫无关系。重要的是你要直面恐惧，勇往直前。做到了这一点，你就给了自己转败为胜的机会。

转败为胜的第四步　　　　　　FAILING FORWARD

采取行动，直面恐惧

你现在最害怕去实现的目标是什么？请把它写在这里。

唯一的方法是直面恐惧，采取行动。请写下你采取行动时心中的恐惧。

仔细查看上面的清单，并接受现实：是人，就都会害怕。确定自己第一步能做什么，朝着目标迈进。不管第一步是大是小，尽管去做吧。如果失败的话，再试一次，直到完成第一步为止。接着再确定下一步的计划。

请记住，先感受再行动几乎是不可能的，必须先行动再感受。克服恐惧的唯一办法就是采取行动。

转败为胜的步骤：

1. 认清普通人和成功者之间存在重要差异
2. 学会重新定义失败
3. 让自己远离失败
4. 采取行动，直面恐惧

在失败之路上找到出口

碰上问题的时候，要理性地看待和处理，从
做出选择的那一刻开始，你就已经在朝着正
确的方向前进。从举棋不定到变得意志坚
定，这也成了你的优秀品质。

05

——范·安德森

商学教授加里·哈默尔（Gary Hamel）与普拉哈拉德（C. K. Pra-halad）曾合作发表过一篇关于猴子的实验报告，里面把失败描述得很生动。

四只猴子被关在一个房间里，房间中央有一根高高的柱子，柱子顶端挂着一串香蕉。一只饥肠辘辘的猴子开始爬上柱子找食物，当它伸手去抓香蕉的时候，被泼了一脸冷水，那只猴子尖叫着爬下柱子，放弃了觅食。其他猴子也做了同样的事情，但每只都被泼了一脸水，试过几次后，这些猴子最后都选择了放弃。

研究者用一只新猴子替换了房间里原有的一只猴子。初来乍到的猴子在开始爬柱子的时候，被其他三只猴子抓住，拉回地面。新猴子试了几次都被拽下来后，最终放弃，再也不爬了。

研究者一只接一只地替换原有的猴子，每次新进来的猴子都会在拿到香蕉前被其他猴子拽下来。最后，房间里挤满了猴子，但没有一只被泼过冷水，也没有一只猴子爬上过柱子，它们甚至不知道原因。

别被失败当猴耍

不幸的是，那些对失败习以为常的人非常像这些猴子。他们不断地重蹈覆辙，却不知道为什么会如此。因此，他们永远没法逃开失败之路。俗话说得好：总做自己常做之事，永远得不到新的经验。

每个人都喜欢待在安全区，如果一个人认定自己终将失败，那想要逃开失败就更难了。

F AILING >>>
ORWARD

总做自己常做之事，永远得不到新的经验。

如果你觉得自己就像实验中的猴子，没法做自己想做的事情，却又不知道原因，那就请看看许多失败者容易陷入的模式及其解决办法吧。

一切始于混乱

让人走上失败之路的可能是一个常见的错误，如失败或搞砸某件事。但失败的人，不会把错误归结到自己头上，就好像造成交通事故的司机，会为自己作如下辩解：

- "快开到十字路口的时候，一个路障突然出现在视野里面。"

- "一辆隐形车忽然冲出来撞上我的车，然后消失了。"
- "电线杆快速向我撞过来，我来不及躲避，它撞上了我的车头。"
- "这个事故是一个开着小车的大嘴小个子间接导致的。"
- "我的驾龄已经有四年了，没想到因为开车打瞌睡而出了车祸。"
- "我在去看医生的路上发生了追尾事故，当时车的方向盘失控了。"
- "为了避免撞上前面的车，我只能撞行人了。"
- "当时我在开车回家的路上，进错了车道，结果撞上了别人家的树。"
- "我只是想和后面的车保持车距。"
- "那个行人不知道自己要往哪个方向跑，所以我才撞上他的。"
- "那个家伙在路上跑来跑去，我躲闪了好几次后才撞上他。"
- "我把车开到路边，看了一眼我岳母，结果就撞上了隔离带。"

很多人犯了错，却不愿意承认，他们把困难和错误归咎于别人，并常常会有以下反应：

1. 发脾气

使人在失败之路上狂奔不已的原因之一，是因为他（她）爱发脾气。你肯定见过这样的人：因为一个小错误便大发雷霆，还将情绪发泄到自己或周围的人身上。无法管理自己的脾气，会使小问题变成大问题。19世纪的英国作家查里士·巴克森（Charles Buxton）总结道：

"坏脾气是对自己的惩罚，没有什么比生气更让人生气的了。一个人的坏脾气，对自己造成的伤害胜过给他人带来的。"如果你没法管理自己的脾气，那就会被脾气控制。

2. 掩盖错误

掩盖错误是人的天性，自伊甸园中有亚当和夏娃起，人类就学会了掩盖错误，并且看起来和过去一样奏效。

我曾听过一个海军飞行员在演习时闹过的笑话，这充分说明了人在犯错时的态度。起飞前，指挥官命令所有参加演习的人保持无线电静默，但有一位飞行员不小心打开了无线电，并且喃喃自语了一句："完了，我搞砸了！"

指挥官一把抓过无线电操作人员的麦克风说："是谁开了无线电，立即报上名来！"

一阵长长的沉默后，无线电里传来一个声音："刚才确实搞砸了，但我还没有笨到这个程度呢！"

人们总是希望自己犯的错不要被别人发现，可有时候事情并没有上面的这么轻松。比如1995年，28岁的尼克·李森（Nicholas Leeson）入职英国巴林银行，他手上掌握了公司的大笔资金，希望通过赌博式投资来赚取利润。当投资出现巨大损失时，他试图掩盖错误，并想利用更大风险的投资来翻本。分析家认为他的方式就是"要么双倍回报，要么输得一分不剩"。李森屡败屡战，亏空越来越大，最终，他的行为给巴林银行造成了高达13亿美元的损失。小小交易员绊倒了世界上最古老的银行。

斯坦利·贾德说："不要把精力浪费在掩盖失败上。从失败中学习，迎接下一个挑战。失败有什么可怕？人只有经历过失败，才会成长。任何人想从失败之路上找到出口，都必须承认失败，而不是掩盖失败。"

> 不要把精力浪费在掩盖失败上。从失败中学习，迎接下一个挑战。失败有什么可怕？人只有经历过失败，才会成长。
>
> ——斯坦利·贾德

3. 蛮干

一些特别执拗的人，会想要通过沉溺于工作来逃避问题，却不改变自己的方向。这就如想把方的木塞塞进圆洞里面，用力压实，再拿锤子硬敲。可就算再努力，仍看不到一点效果。

媒体新闻集团的共同创始人威廉·辛格顿认为："许多人在犯错的时候，只知道一味低头蛮干，结果一错再错。我相信'一试再试'这句格言，但我对这句话的理解是：'试了，然后停下来想想，再作尝试。'"

FAILING >>>
FORWARD

> 许多人在犯错的时候，只知道一味低头蛮干，结果一错再错。我相信"一试再试"这句格言，但我对这句话的理解是："试了，然后停下来想想，再作尝试。"
>
> ——威廉·辛格顿

4. 为自己开脱

你有没有碰到过这样的人？在你们谈话时，他在不经意间说错了，估计他自己也发现了。可当你提醒他时，他却拒不承认。不管你说什么，他总是选择为自己开脱或解释，这只会使他看起来很傻。这就是为自己开脱的人会做的事情，一旦习惯上这么做，就会迷失在失败之路上。

我和妻子玛格丽特在抚养伊丽莎白和乔尔·波特时（他们现在都成家了），发现儿子特别有自己的想法和主张。当他做错事的时候，第一个反应就是狡辩，为自己开脱和掩饰。我至今仍对他矢口否认自己偷吃巧克力糖时那副被冤枉的表情记忆犹新。玛格丽特和我花了很大力气才帮他改正了这个坏习惯。

佩顿·马奇将军认为："一般人都是敢做敢当的，但只有君子才能毫无保留地承认自己的错误。"我现在很欣慰，儿子乔尔已经成年，并且愿意承认自己的错误。一个人如果老是为自己开脱，肯定无法逃出失败的厄运。

5. 放弃

如果你被困在失败的怪圈中太久，最后肯定会越走越慢。这就像在车流高峰期驶上我的家乡亚特兰大的 285 号环城公路一样，很多人最后会选择放弃。个人成长专家保罗·J.梅耶（Paul J. Meyer）说："90% 的失败者事实上并没有被打败，只是自己放弃了。"

FAILING >>>
FORWARD

90% 的失败者事实上并没有被打败，只是自己放弃了。

——保罗·J.梅耶

想要转败为胜，必须振作精神

避免被困在失败之路上的唯一办法，就是振作精神，找到出口。要离开失败的老路，必须说出三个很难说出口的字："我错了。"张开眼睛，承认错误，为自己的错误行为和态度承担全部责任。你经历的每次失败都是一个岔路口，采取正确的行动，从错误中学习，然后重新开始。

领导力专家彼得·德鲁克说："常犯错，愿意尝试新事物的人，往往更容易成功。我绝对不会给一个从没出过错的人推荐高管的职位，因为他肯定很平庸。"失败是成功路上的铺路石，关于如何正确对待失败，我写了一首英文藏头诗：

失败就像是

让人反思生活的信号（Message）

促人反省思考的契机（Interruptions）

引人走上正途的路标（Signpost）

催人成熟的试炼（Tests）

助人奋进的警钟（Awakendings）

帮人开启另一扇门的钥匙（Keys）

带人开启从未去过的探险之路（Explorations）

以及成长和进步的宣告（Statement）

几年前，我在一个5万人的活动上演讲，分享了波希娅·尼尔森（Portia Nelson）的书，这段话后来成为我的听众最喜欢的片段。尼尔森的那篇文章叫作《人生的五个篇章》，非常好地描述了逃离失败的过程。

第一章　我在街上走着，人行道上有一个深洞，我掉进去，迷了路。我很无助，这不是我的错，我好不容易才爬了出来。

第二章　我走在同一条街上。人行道上有一个深洞，我假装没看见，还是掉了进去。难以置信，我居然又掉进同一个地方，但这也不是我的错，我花了好长时间才找到出口。

第三章　我走在同一条街上。人行道上有一个深洞，我看到那儿有个洞，但仍然掉了进去，这已经变成一种习惯。我睁开着双眼，我知道自己在哪儿。这次是我的错，我马上爬了出来。

第四章　我走在同一条街上。人行道上有一个深洞。我绕道而行。

第五章　我走到了另一条街上。

远离失败，顺利抵达成功彼岸的唯一方法，就是对自己、对自己的错误负责。西蒙与舒斯特出版公司的主编迈克尔·科达说："任何形式的成功，都需要你承担起相应责任……总的来说，所有的成功人士都有一个特质，那就是责任感。"

F_{AILING} >>>
O_{RWARD}

任何形式的成功，都需要你承担起相应责任……总的来说，所有的成功人士都有一个特质，那就是责任感。

——迈克尔·科达

最重要的能力：责任感

责任感取决于人的内心。一个人能否成功，与天赋、智慧或者机遇都无关，只与他的品质有关。难怪斯图尔特·B. 约翰逊（Stewart B. Johnson）说："生活不在于超越别人，而在于超越自己。打破自己的纪录，要一天更比一天好。"

你可以从一个人的行为中了解到他是否修炼了自己的品质，是否拥有责任感，是否能够从失败中学习。比如，搬到佐治亚州后，我开始留意美国职业橄榄球大联盟球队——亚特兰大老鹰队的克里斯·钱德勒（Chris

Chandler）。

钱德勒是个四分卫，多年来漂泊不定，频频更换球队。在加盟亚特兰大前，他在9年里更换了5支球队，表现平平。但到了凤凰城以后，一切随之改变。他在那儿认识了杰里·罗姆（Jerry Rhome）。

"当时我几乎对所有事情都失去了兴趣。"钱德勒如此回忆自己的那段职业生涯。他对于大联盟的看法，使他对自己表现平平的职业生涯缺乏责任感。"原以为大联盟里全都在玩政治，我本来打算退役了，但是杰里唤醒了我的斗志，他教会我如何打球，一切又变得好玩了。"

罗姆是怎么做到的呢？他道出真相："赛季结束后我告诉他，他很有实力，但没人教得了他，问他是否愿意和我一起工作。"

一开始钱德勒有点抗拒。他希望队友来适应他的球风和打法。后来他改变主意，接受了罗姆的建议。通过别人的帮助，再加上自己的努力，以及改变自己的意愿，而不是期待别人改变，钱德勒成了大联盟中最好的四分卫之一，并在1999年率队进军"超级碗"。

不轨之路

并不是每个人都会为自己的行为负责。我见过最令人印象深刻的与失败有关的故事主人公，是罗茜·鲁伊斯。1980年，她以史上第三的成绩，冲过了波士顿马拉松比赛的终点。但从她比完赛的那一刻开始，人们就对她的胜利充满疑惑。

最惊讶的人是杰奎琳·加鲁。尽管从未被看好，但加鲁刻苦训练了三年。在比赛过程中，她把其他女选手都甩在身后，胜利看上去唾手可得。但在距离终点不到一英里的地方，另一位女运动员突然出现在她前面，那个人就是鲁伊斯，她抢在加鲁之前完成比赛，并成为女子组冠军。

这立即引发了一场骚动。

"我就知道事有蹊跷。"男子组冠军比尔·罗格斯说道。根据他的说法，鲁伊斯体脂很高，肌肉不足，不太像是一个长距离跑者，再加上她在终点线上看上去毫不费力，也没有大汗淋漓，甚至在接受采访时对于长跑术语也不甚熟悉。

比赛裁判也很怀疑，并着手展开调查。他们发现鲁伊斯是用欺诈手段获得了参加波士顿马拉松比赛的资格。他们推断，鲁伊斯在距离终点一英里时混入了跑步选手中，堂而皇之地领先于一众女选手。波士顿运动员协会随即取消了她的参赛资格，一周后，加鲁得到了冠军奖牌。

仍然在失败之路上

不可思议的是，几年之后，鲁伊斯仍然没有从错误中吸取教训。在迈阿密的一场 10 公里比赛中，加鲁遇见了鲁伊斯，并曾试图与她谈谈。她首先打破了僵局，加鲁回忆道："我说：'你在波士顿为什么那么做？'她回答：'我确实跑了。'既然她这么说，那聊天就没有办法继续下去了。"

在参加波士顿马拉松比赛的两年后，鲁伊斯被指控偷窃公司的现金和支票而被逮捕；一年后，她又因为向便衣警察出售 2 千克可卡因而获罪。就像乔赛亚·斯坦普（Josiah Stamp）爵士说的："逃避责任很容易，但要逃避因逃避责任造成的后果很难。"

FAILING >>>
ORWARD

逃避责任很容易，但要逃避因逃避责任造成的后果很难。

——乔赛亚·斯坦普爵士

我不知道鲁伊斯现在的境遇如何，她过去的行为让我想起曾经看过的保险杠贴纸，上面是这么写的："别跟着我，我已经迷路了。"那时候，鲁伊斯确实坏招频频，最后一事无成。希望她最终能够找到失败之路的出口。

转败为胜的第五步   FAILING FORWARD

接受失败，承担责任

　　认真想想最近一次你认为非本人原因而导致的失败，找找那次失败中有哪些负面因素是需要自己负责的，并承担起你该负的责任。

　　一旦开始考虑自己的责任，一切就随之转变了。改变想法和看待失败的方式，就是转败为胜的一步，也是本书下半部分的主题。

转败为胜的步骤：

1. 认清普通人和成功者之间存在重要差异
2. 学会重新定义失败
3. 让自己远离失败
4. 采取行动，直面恐惧
5. 接受失败，承担责任

FAILING FORWARD

你愿意改变自己的想法吗？

不管发生什么，失败始于内心

生活不会总是给你一手好牌，重要的是把烂牌打好。

—— 丹麦谚语

06

学会对自己负责，对自己造成的问题和失败负责，你就可以转败为胜。但是，如何处理那些不是自己导致的、无法掌控的困难呢？

当你所处的外部环境极度艰难时，你是最容易被失败击溃并放弃的。失败与困难相生相伴，但是不管困难是内生的还是外来的，失败通常来说都是内生的，原因就让我来解释给你听。

1999年春天，我的出版方托马斯·尼尔森公司（Thomas Nelson），邀请我到美国的很多城市书展作演讲。其中一站是在肯塔基州的莱克辛顿，我在那儿遇见了格雷格·霍恩——肯塔基州辛辛那提市Payless食品超市创始人。格雷格告诉我一个令人难以置信的故事，这个故事说明了不管发生什么事，最重要的是你心里怎么想的。

身处险境

1997年3月1日，格雷格从位于肯塔基州的家乡来到路易斯安那州的波希亚市，参加由我授课的为期两天的领导力会议。会议结束后，他搭乘飞机返回圣路易斯，回程路上他十分期待把会议上学到的领导力知识付诸行动。

等他走到从圣路易斯到莱克辛顿的转机口时，惊讶地发现航班因为天气不佳而延误了，延误后来又变成了取消，格雷格在圣路易斯待了一晚。他没有想太多，因为经常出差，他明白随遇而安的道理。第二天一早，他坐第一班飞机回家。

当他抵达莱克辛顿时，才意识到天气的恶劣。当他从机场驱车往北返回辛辛那提时，立即见识到了导致航班取消的暴雨的威力。当看到流经辛辛那提的利金河水漫过河堤时，他开始担心自己的店。他径直往前开，希望一切安然无恙，但30英里的路程好像永远都到不了似的。

坏消息

抵达后，格雷格发现整个区域都被洪水淹没了。站在离自己的店200英尺的地方，他只能看到屋顶和广告牌——Payless食品超市，其余的部分都已被洪水淹没。他垂头丧气地回家，却发现根本无法靠近自家的房子。

格雷格在莱克辛顿的妹妹家待了整整三天，等待洪水退去，并盘算着如何处理善后工作。当他打电话给保险公司时，又得知一个更坏的消息：他买了所有保险，就是没买洪水险！一分钱的赔偿都得不到。

评估损失

五天后，格雷格才进入自己的店铺。打开店门的一瞬间，他彻底崩溃了。他站在价值50万美元的泡在水中的货物面前，电子收音机沾满污水，一台平时用来存放冰块、500多磅重的大冷柜被水冲到了柜台上。那凌乱的场景，简直让人想夺门而出，一走了之。

"那时候我有一个选择，"格雷格本可以放弃，把生意的失败怪罪给天灾，但他补充道，"我完全可以宣布破产，但我不想这么做。这时，几天前在领导力课程上学到的东西提醒了我：重要的不是发生了什么，而是内心怎么想；不在于问题有多大，而在于如何处理问题。跌倒了，就得爬起来，我下定决心要克服这些困难。"

评估后，他发现虽然有很多货品损毁了，但房子结构仍然很牢固。他用手清理那些货品，足足拉了22车，才清理干净。收银机还有地板都必须重新购买，他和员工夜以继日地干活。格雷格花了100万美元进行装修，16天后，Payless食品超市重新开张了。这家店在洪水发生后只关了21天。

评估影响

如何评估洪水对格雷格的店铺产生的影响？可以用美元，用时间，也可以用老板的情绪来计算，但格雷格希望用洪水给其他人的生活带来的不便来衡量。"能在洪水发生之后的短短21天内便重新开业，能让80个人重新回归工作，这些人或多或少都受到了洪水的影响。正如谚语所说：'先苦后甜。'"

格雷格·霍恩是转败为胜的一个好榜样。很多人期望能掌控自己周围的环境，但实际上，没人知道在前进的道路上会遇到什么。既然无法控制自己拿到什么牌，那就得学会如何打好烂牌。格雷格做到了，洪水差点葬送了他的店铺和事业，但他将失败转变成垫脚石——让自己、员工和社区转败为胜。

"我之所以进入食品行业，就是希望为别人做点事。"格雷格说，"在辛辛那提开店前，我曾在好时巧克力工作，管理过销售总额为120万美元的片区，收入还不错，但我并不满足。"

洪水之后，他受到了无数的褒奖，并被当地商会评为年度商业人物。而他也用那段洪水的经历开启了励志演说家的生涯，几乎每周都会发表演讲，鼓励其他人。

南非前总理扬·克里斯蒂安·史末资（Jan Christiaan Smuts）说过："一个人不会被敌人打败，但会被自己打败。"这话一点不假，不管周围的环境如何险恶，与失败之间的战争始于内心，不在于外。如何打好这场仗呢？首先要培养正确的态度。

F AILING >>> ORWARD

一个人不会被敌人打败，但会被自己打败。

——扬·克里斯蒂安·史末资

眼界决定收获

你肯定很熟悉"墨菲定律"——坏事肯定会发生，而且会发生在最坏的时间。"彼得原理"是这么说的——每个人都会不断晋升，直到自己不能胜任为止。（顺便说一句，这两句话都是悲观主义者说的！）人类行为定律也有类似的说法——我们迟早都会得到期望得到的东西。

这里有一个问题要问你：人类行为定律究竟是悲观主义者提出的，还是乐观主义者提出的？请你先停一下，想想答案。我之所以这么说，是因为答案会反映你的态度。如果你认为生活本来就是苦涩的，你可能会说这个定律是悲观主义者提出的。如果你生而乐观，那估计你的回答会是"乐观主义者"，因为追求心中所想能鼓励你前行。态度决定前途。

积极的态度：通往内心的第一把钥匙

赢得成功与失败之战的第一要素，就是积极的态度。宾夕法尼亚大学心理学教授马丁·塞利格曼（Martin Seligman），在研究来自30多个不同行业的雇员后，得出如下结论："那些跌倒后能够重来的人，都是乐观主义者。"

我们必须勇敢面对，没有人生来就是乐观主义者。有些人生来就只能看到半空的杯子，而看不到半满的杯子。但是不管生性如何，你都可以变得更加乐观。如何培养乐观的心态呢？秘诀就在于学会知足。如果学会了这一点，那么不管发生什么，你都能泰然处之，在任何情况下都能保持良好的状态。

知足这个概念现在已经不那么畅销了，其中一个原因是我们的文化不鼓励知足的想法。人们不断地被舆论轰炸，"你现在所拥有的是不够的，你还需要更多的东西——更大的房子、更好的车子、更高的薪水、一口白牙、口气清新、衣着光鲜……"欲望的清单无穷无尽。但事实上，只有拥有一颗知足的心，你才能够打败失败。

关于知足有很多错误观念。让我们来看看下面这些不知满足的情况。

1. 知足不是压抑自己的情绪

我们都曾经历过负面情绪。当看到店铺泡在6英尺深的水里，你觉得格雷格·霍恩会怎么想？你既不想让自己情绪失控，又不想压抑自己。压抑情绪并不会使你知足，就算极力掩盖，情绪最终还是会爆发出来。

如果试图通过压抑情绪来获得满足感，估计最后你会像躺在医院里垂死挣扎的老者。连续两周神志不清，忠心的妻子无时无刻不守护在病床边。他终于恢复神智，轻声低语："亲爱的，你陪我历经磨难。在我失业的时候，你支持我。在我们失去房子的时候，你寸步不离。在我事业失败、健康恶化的时候，你也在我身旁。"

"是的，亲爱的。"她微笑着回答。

"你知道吗?""知道什么，亲爱的?"

"你的运气还真差!"

由此可见，压抑情绪并不会让你真正满足。

2. 知足不是故步自封

我父亲曾当过多年的牧师，他曾讲过一个故事，主人公是他所在教会的一个拒绝成长的农夫。父亲常常鼓励他、劝说他，但那个人就是固执己见。他对父亲的回答永远如此："虽然我没什么进步，但好在稳定。"

有一天，我的父亲驱车路过他的农场，看到农夫的拖拉机陷在泥土里。不管他怎么弄，就算泥浆四溅，拖拉机都纹丝不动。

农夫最后试了一次，还是没办法，于是他开始破口大骂。这时，父亲摇下车窗，远远地对他说："虽然你没什么进步，但是非常稳定。"

知足并不意味着满足于困境，只是表示将以积极的态度寻求改变。格雷格·霍恩发现店铺被淹时没有放弃，更没有屈服。他尽力做好自己，努力前进。

3. 知足不是赢得地位、权力或财富

在我们的文化中，太多人都相信知足源于获得的物质财富或权力。但这些都不是知足的奥秘所在。如果你觉得拥有财富就能知足，那听听约翰·洛克菲勒说过的话。

当一位记者问他赚多少钱才算够的时候，这位当时全世界数一数二的

富翁说道:"再多一点就够了。"

知足来源于积极的态度。这意味着,

- 凡事追求最好,而不是最坏;

- 即使在失败时亦能保持乐观;

- 在问题中找答案,而不是在答案中找问题;

- 相信自己,哪怕别人认为你已经失败了;

- 攥紧希望,哪怕别人认为希望渺茫。

不管发生什么,积极的态度都源于内心,周围的环境与你的满足感并无关联。

积极的行动:通往内心的另一把钥匙

没有知足带来的积极态度,你可能就无法赢得与失败的战争。但如果只是想法积极,而不付诸行动,也不可能转败为胜。在积极的态度之上,还得再加上积极的行动。

FAILING >>>
FORWARD

问题就是用来解决的,必须学会接受生活中的现实。

有些人陷入麻烦,是因为他们把注意力集中在自己无法掌控的事情上。领导力专家弗雷德·史密斯(Fred Smith)说过,积极行动的秘诀,在于明白生活中问题与事实的差异。问题就是用来解决的,必须学会接受生活中的现实。比如,对格雷格·霍恩来说,洪水就是现实。他没有浪费时间在考虑如果把店址设在别的地方会怎么样之上(镇上其他百货店都没有被水淹），没有买洪水险是事实，洪水好几天没退也是事实。但是格雷格把注意力集中在解决问题上，比如为维修筹款，重新进货，清理污物，以及如何尽快重新开张上面。他把注意力放在对自己有利的事情上，尽可能保持积极的态度，并采取积极的行动。

心　境

失败始于内心，成功也是如此。想要成功，必须先在思想上获胜，不要让失败占据你的内心。我们没法掌控生命的长度，但可以掌控它的宽度和深度。我们没法掌控脸的轮廓，但可以掌控脸上的表情。我们没法掌控天气，但可以掌控自己的心境。既然可以投入到自己可以掌控的事情里，为什么要去担忧那些自己无法掌控的事情呢？

我曾读到过一篇文章，它很好地描述了挪威人的力量、勇气和坚韧。历史上最好的探险家都来自挪威，包括我在《领导力21法则》里面提到的罗尔德·阿蒙森（Roald Amundsen）。不管天气多恶劣，所处环境多艰难，他们总是坚韧不拔。

那种能力是挪威文化的一部分，这个处于北极圈边缘的国家有很多户外运动狂热分子。挪威有句谚语很好地描绘了他们的态度："哪有什么坏天气，只有穿错衣服而已。"

把失败拒之门外的人

或许现在你会说："约翰，你说得倒轻松。你可没经历过我的遭遇。就算格雷格·霍恩的故事也没法和我的相提并论，他只是损失了一些钱！"

如果你还是没法相信失败是始于内心的，那你得听听下面这个故事，故事的主人公在最困难的情况下，仍然保持着胜利者的心态。

他的名字是罗杰·克劳福德（Roger Crawford），在我写这本书的时候，他大概40岁。他的职业是咨询师和公共演说家。他写过两本书，为世界500强公司和一些美国公立、州立机构和学校服务，常常在各地出差。

这些看起来都很不错。如果你觉得不怎么样，那看看下面这个。在成为咨询师之前，他曾是洛约拉马利蒙特大学（Loyola Marymount University）网球队队员，不久之后正式注册为美国职业网球协会的职业运动员。是不是听上去还是不怎么样？如果我告诉你罗杰没有手，只有脚的话，你总会改变主意了吧？

没有残疾

罗杰·克劳福德患有先天缺指畸形。当他从母亲的子宫里出来时，医生发现他的右前臂有一个拇指状的凸起肉块，左前臂长了一根拇指和食指。他没有手掌，手脚比别人短。左脚萎缩，只有三根脚趾，这只脚在他5岁时便切除了。很多医务人员告诉罗杰的父母，他一辈子都没法走路，甚至无法照顾自己，无法过正常人的生活。

从震惊中恢复过来后，罗杰的父母下定决心，一定要帮助他过上正常人的生活。他们用爱抚养他长大，教会了他坚强和独立。他的父亲告诉他："如果你自己都认为自己是残疾人的话，那就完了。"

等他长大以后，父亲送他进了普通的公立学校。他们让他多参加体育运动，鼓励他去做自己想做的事，鼓励他正向思考。

"我的父亲永远不会让我去顾影自怜，或者利用自己残疾人的身份。"罗杰说。

如果他可以做到……

罗杰非常感谢父母给他的鼓励和培养，但我觉得在他进入大学，见到一些想和他成为朋友的人之前，他并没有理解成功的意义。有一天，他接到一个电话，是一个读到他网球比赛获胜消息的人打来的，罗杰同意与他在附近一家餐馆见面。当罗杰起身与他握手的时候，他发现那个人几乎和自己一样。罗杰很兴奋，因为终于发现有人和自己一样，并且那个人比他大，可以作为自己的人生导师。但与这个陌生人才聊了几分钟，他就意识到自己错了。罗杰回忆道：

> 我发现这个人充满了痛苦和悲观的情绪，把所有生活中的不如意都归咎于自己身体的残缺。
>
> 很快我就发现我们的生活和态度完全不同……他从来没有做过稳定的工作，他非常确定那是因为"残疾"，而不是因为他自己也承认的经常性迟到、缺席或没有责任心。他的态度就是"全世界都欠我的"，他的问题在于全世界都与他意见相左。他甚至因为我没有和他一样绝望而对我撒气。
>
> 我们保持了几年联系，直到我忽然明白，就算发生奇迹，他的身体恢复正常，他的内心还是会依然充满不快和挫败，故步自封。

FAILING >>>
FORWARD

残疾只会在我们放弃抵抗的时候使我们丧失能力。这不仅适用于身体上的挑战，也适用于情感和智力上的挑战……我相信，真正造成人受长期局限的原因不是来自身体，而是来自内心。

——罗杰·克劳福德

那个人的心为失败所困，而罗杰却掌握了转败为胜的艺术。

你也可以……

普通人生活中遇到的逆境永远无法与罗杰·克劳福德的相提并论，这就是他的故事鼓舞人心的原因。罗杰坚持认为："残疾只会在我们放弃抵抗的时候使我们丧失能力。这不仅适用于身体上的挑战，也适用于情感和智力上的挑战……我相信，真正造成人受长期局限的原因不是来自身体，而是来自内心。"换句话说，不管发生什么，失败都始于内心。

转败为胜的第六步　　　　　　　FAILING FORWARD

不要让失败吞噬你

你觉得使你经受生命中最大的挫折和失败的根源是什么？想想那个原因，然后列出与其相关的所有痛苦、障碍和问题。把它们写在下面：

	困难	现实/须采取的行动
1.	＿＿＿＿＿＿＿＿＿	＿＿＿＿＿＿＿＿＿＿＿
2.	＿＿＿＿＿＿＿＿＿	＿＿＿＿＿＿＿＿＿＿＿
3.	＿＿＿＿＿＿＿＿＿	＿＿＿＿＿＿＿＿＿＿＿
4.	＿＿＿＿＿＿＿＿＿	＿＿＿＿＿＿＿＿＿＿＿
5.	＿＿＿＿＿＿＿＿＿	＿＿＿＿＿＿＿＿＿＿＿
6.	＿＿＿＿＿＿＿＿＿	＿＿＿＿＿＿＿＿＿＿＿
7.	＿＿＿＿＿＿＿＿＿	＿＿＿＿＿＿＿＿＿＿＿
8.	＿＿＿＿＿＿＿＿＿	＿＿＿＿＿＿＿＿＿＿＿
9.	＿＿＿＿＿＿＿＿＿	＿＿＿＿＿＿＿＿＿＿＿
10.	＿＿＿＿＿＿＿＿＿	＿＿＿＿＿＿＿＿＿＿＿
11.	＿＿＿＿＿＿＿＿＿	＿＿＿＿＿＿＿＿＿＿＿
12.	＿＿＿＿＿＿＿＿＿	＿＿＿＿＿＿＿＿＿＿＿

现在，每次只考虑一个原因，然后看看哪些是生活的现实（你必须接受它，生活才能继续），哪些是需要采取积极行动的。如果是生活的现实，就在那一项旁边写上"现实"，然后下定决

转败为胜的第六步   FAILING FORWARD

心，抛开逆境，采取像罗杰那样积极的态度。如果是需要采取行动的项目，就在那一项旁边写上需要采取的行动，以此来改变你的生活，然后以积极的心态去做。

转败为胜的步骤：

1. 认清普通人和成功者之间存在重要差异
2. 学会重新定义失败
3. 让自己远离失败
4. 采取行动，直面恐惧
5. 接受失败，承担责任
6. 不要让失败吞噬你

你的生活被过去绑架了吗？

上帝创造时间的原因之一，就是用来埋葬过去的失败。

——詹姆斯·朗

07

有空的时候，我喜欢打高尔夫球，虽然打得很普通，但比过去可进步多了。我第一次打高尔夫球是在1969年，当时我的水平很差，握杆的手法是棒球式的，想要用蛮力把球送到球道上，结果球总会在划出一道大弧线后，不是飞进树林就是草地。

开始打球时我已经22岁了，如果像很多高尔夫球选手一样从5岁开始学的话估计能轻松一点。但不管怎么说，我很高兴能接触到高尔夫球。是谁激起了我对这项运动的兴趣呢？就是阿诺德·帕尔默（Arnold Palmer）。

泰格·伍兹的前辈

阿诺德·帕尔默是20世纪最伟大的运动员之一，是他开启了职业高尔夫球的历史。《体育画报》的里克·赖利写道："可以这么说，他为这项有点过分讲究、过于俱乐部化、充斥着生怕弄脏自己羊毛衫的常春藤名校男士的运动，带来了全新的生命。"或是文·斯库里说的那样："他将上流社会的运动变得大众化了。"

这也是为什么巡回赛职业选手罗科·梅迪耶（Rocco Mediate）在帕尔默的美国公开赛告别战时说："是你成就了这一切。"泰格·伍兹说："我想成为他那样的人。"

很多像我这一代的人（我出生于1947年），都是因为阿诺德·帕尔默开始打高尔夫球，就好比今天这项运动因为泰格·伍兹而广受欢迎。帕尔默是一位顶级的高尔夫球职业选手，和伍兹一样，他很小就开始了这项运动。在成长过程中，他几乎干过高尔夫球球场上的所有工作（他的父亲是高尔夫球职业选手、球场总监）。

帕尔默在职业高尔夫球领域活跃40多年，获得过92次冠军，其中61次是在全美高尔夫球巡回赛中获得的。1960—1963年间，他是世界上最好的高尔夫球选手，获得过29次全美高尔夫球巡回赛冠军，这也使他被《体育画报》杂志评为1960年年度体育人物，以及被媒体评为1960—1970年最杰出运动员。有一位记者认为，帕尔默融合了"边境游侠的果敢和空中飞人的淡定，他不是在打高尔夫球，而是在打仗"。高尔夫球界的传奇鲍比·琼斯（Bobby Jones）曾说："假如需要打一个事关胜负的8英尺推杆，我肯定让阿诺德·帕尔默来替我打。"

帕尔默踏实的态度、闪光的人格、粗犷的外貌和精湛的球技，为他带来了大量粉丝，就像今天的泰格·伍兹一样，每挥一杆都有人跟在后面观赏。他的粉丝被称为"阿诺德之军"，他们跟随他到处征战，就为了有机会一睹这个被他们称为"王者之风"的表现。这是高尔夫球运动史上首次出现这样的现象。

好马也有失蹄时

任何高尔夫球选手都有可能打出很差的一洞，即便是像阿诺德·帕尔默这样位列名人堂的选手。要做好这项运动的秘诀，就是要忘记自己没打好的那些球。这其实很难，特别是有些人会为你打得不好的球做统计分析。阿诺德·帕尔默就碰到了这样的事情。

这件事发生在1961年的洛杉矶公开赛上，那是帕尔默职业生涯的顶点。在第五局的第9洞——当天的最后一球，帕尔默的第一杆打得很好，他希望在第二杆时把球送上果岭。这样他就有机会打出"小鸟球"，并追上领先者一杆。帕尔默手持3号木杆，打出了自认为不错的一杆。但球偏向右边，打到了一根杆子上，弹到了外面的练习场上。帕尔默被罚一杆，重新击球。这次他打出的球往左偏，并飞过场地到了马路上。他再次被罚，重新开始。他就这样屡败屡战，其间好几次把球打出界。最终共用了10杆，才把球送上果岭。后来他又打了两个推杆才把球推入洞中，最终成绩为12杆。他也因此落后领先者很多杆，被淘汰出局。

为失败树碑立传？

多年后的今天，如果你来到位于洛杉矶的蓝桥公园高尔夫球场第9洞，可以发现有一块铜牌上这么写着："1961年1月6日，星期五，第35届洛杉矶公开赛首日，年度高尔夫球选手、职业运动员阿诺德·帕尔默，在这一洞打了12杆。"

20世纪90年代末，在位于奥兰多的海湾山岭俱乐部，我曾有机会与阿诺德·帕尔默一起打高尔夫球。当时我和哥哥拉里在打球，在我们后面有四个人在打球，其中就有"球王"本人。快打完的时候，我在倒数第2洞开球，球偏出很多，飞到了相邻的球道上。我吓坏了，大叫"小心"，球差点击中了帕尔默本人,还好他躲开了。

六个月后,我收到了一封信:

阿诺德·帕尔默海湾山岭俱乐部

1997年2月12日

音久公司

约翰·麦克斯维尔博士

加利福尼亚州埃尔卡洪市

亲爱的约翰:

我谨代表我本人和海湾山岭俱乐部祝您50岁生日快乐。作为俱乐部创办人,我邀请您参加我们的资深会员巡回赛。您的加入将是我们的荣幸。

老实说,约翰,去年11月您差点在第17洞要了我的命,当时我默默记下了一笔——"打出这个球的人估计有资格参加资深会员巡回赛"。一开始我还不知道,直到看到会员的生日记录,才觉得自己真会挑人。那个球,加上你的50岁生日,让您有资格作为精英会员参加我们的资深球友俱乐部。我们会为您提供资深球友折扣。您不需要出示证件,我们的员工能够根据发色、脸部轮廓和其他特征来识别会员。如果这些都没法分辨的话,您就打个球让他们看看,那肯定没问题!

祝您50岁生日快乐,约翰·麦克斯维尔先生!

继续挥杆吧,

阿诺德·帕尔默

优秀的高尔夫球选手，如果想要一直保持高水准，不会老是记挂着自己的不佳表现，这一点在阿诺德·帕尔默身上得到了证实。曾经有人问他关于公开赛中第9洞的表现，他回答："那块该死的铜牌，估计在我死后还会在那儿。但我必须忘掉这样的事情，这才是高尔夫球美妙的地方。下一次击球可能和上一次一样好，也说不定一样坏，但是你总会得到另一个机会。"

过去如何影响当下

职业高尔夫球选手具有的特质同样能让人转败为胜。这种特质就是会把过去的事情抛诸脑后，继续前进。这能让你满怀热情，不为个人包袱所累，战胜挑战。

与此相反，那些无法从过去的伤痛和失败中恢复过来的人，其实是被过去绑架了。身上背负的包袱使他难以继续前行。说实话，在做了30年与人有关的工作后，我还没见过总是纠结在过去的失败中却能取得成功的人。几年前，我的朋友恰克·斯维多尔讲了一个关于小鹦鹉奇比的故事。这只小鸟的噩梦，是在鸟主人用吸尘器清理鸟笼底部的废物和脱落的羽毛时发生的。电话铃声响起，主人跑去接电话，却忘了关闭吸尘器，然后你猜发生了什么，"砰"的一声，奇比被吸尘器吸走了。

FAILING >>>
FORWARD

在做了30年与人有关的工作后，我还没见过总是纠结在过去的失败中却能取得成功的人。

主人立即关掉吸尘器，打开集尘袋。奇比就在袋子里，虽然受到了惊吓,但是还活着。

看到身上满是灰尘的奇比,主人赶紧把它放进浴缸,打开水龙头,用冰冷的水清洗小鸟。

直到这时,主人才发现自己把奇比搞得更惨了,于是立马打开吹风机,对着这只湿漉漉、发抖的小鹦鹉一通猛吹。恰克最后说道:"从那以后,奇比就不怎么唱歌了……"

无法战胜过去的人和奇比相似,他们的生活被当初的负面经历影响着。

听上去好像我对你过去发生的事情有些轻描淡写,但其实并没有。在这个不完美的世界上,有很多人遭受了真正的悲剧。他们失去了孩子、配偶、父母或朋友——有时候处境非常悲惨(我的父亲在他8岁的时候失去了母亲)。有的人得了癌症、多发性硬化症、艾滋病或其他衰竭性疾病,有的人遭受了无法与人言说的虐待,这些都是事实。但悲剧不应该阻碍人们拥有乐观的态度和圆满的人生,有人生来患有严重残疾,认为全世界都欠他的,但有人(比如罗杰·克劳福德)不断前进,成为职业网球选手;有人罹患艾滋病,痛苦地放弃人生,但有人(比如"魔术师"约翰逊)则创造了自己的事业,享受家庭生活;有人因被强暴而逃避现实,但有人(比如凯莉·麦吉利斯)克服了那段经历,成为好莱坞女演员。不管一个人的过去有多么黑暗,都不应该影响当下的生活。

崩溃的信号

根据我的经验,过去的问题主要是用这两种方式影响人们:要么使他们崩溃,要么使他们突围。以下五个特征是人们无法战胜过去的信号:

1. 喜欢比较

如果你听到有人不断地说自己比任何人都活得艰难,那么他们很有可能已经被过去绑架了。

过去的问题主要是用这两种方式影响人们：要么使他们崩溃，要么使他们突围。

他们的人生信条就好像昆汀·克里斯普（Quentin Crisp）说的："不要总想着赶上别人。把他们拉低到和你一样的水平，这样更容易。"

2. 找借口

一个人是否身陷于过去也可以通过他是否一味地找借口来判断——总是有足够的理由相信困难无法克服。这给人在找寻解决方案的过程中带来了迷雾般的阻碍。其实，不管是多么强有力的借口，都是站不住脚的。

3. 自我隔离

我曾经说过，有些人会因为过去的伤痛而自我封闭。这对很多人来说就像是条件反射般自然的自我保护。一个生性外向的人因为过去的事情而自我隔离，会变得特别悲惨。

作家C.S.刘易斯（C.S.Lewis）说："人生来无助。如果我们足够清醒的话，就会发现人生来孤独。无论是肉体上、精神上，还是知识上，我们都需要别人来了解世上的事情，甚至包括了解我们自己。"

4. 懊悔

活在当下的另一个障碍就是懊悔，它会耗尽人的精力，使人无法积极应对。

我的朋友德怀特·贝恩曾发邮件给我,讲了一个关于"懊悔之城"的故事:

今年我本不打算出去旅行,但不知为何,我还是打包好行李,惴惴不安地整装出发,再次踏上内疚之旅。

我在"但愿我曾"航空公司预订了机票,但没有办理托运。乘坐这个航班的人都拖着行李,在"懊悔之城"机场走好几英里。我看到全世界的人都来了,在自己打包的行李的重压下,步履蹒跚。

我叫了一辆出租车前往"最后的度假酒店",司机全程眼睛朝后,倒着开车。到了那儿,我发现舞池里正在举行我要参加的活动——"年度自怜派对"。进去之后,我发现宾客名单上都是一些老相识:

"做过"家族——也许、可能和应该;

"机会"夫妇——错过和失去;

"昨天"家族——人数不胜枚举,但每个人都有很多伤心故事要分享。

"破碎的梦想"和"失效的诺言"也会来,再加上他们的朋友:"别怪我"和"没办法"。

整晚都是娱乐节目,由知名作家"都是他的错"主持。

当我准备好通宵参加这场晚会的时候,才意识到只有一个人能够取消这场晚会,把所有参与者送回家。这个人就是:我自己。我要做的就是回到现实,迎接新一天的到来!

当你发现自己已经在前往"懊悔之城"的路上了,就必须明白那是你自己预订的旅程,任何时候都可以取消——无须支付罚款,而且只有你本人可以取消。

5. 痛苦

无法摆脱过去的人，内心会变得非常痛苦，这是无法处理旧伤痛和悲剧的必然结果。

Life Enrichment公司的总裁韦斯·罗伯茨建议："人不应该成为过去的牺牲品。"如果变成这样，人会成为情绪的阶下囚。"对成年人来说，这些'牢狱'往往会以成瘾的形式表现出来——工作狂、酗酒、性瘾、暴食症等，我们把自己关进了监狱。"换句话说，我们被过去绑架了。

不管你经历过什么，记住：总有人条件比你好，但成就比你低；也总有人条件比你差，但成就超越你。周遭的环境与能否克服自己的困难真的没有关系。过去的伤痛可以让你更好，也可以更坏——选择权在你自己手中。

突围：崩溃之外的选择

生活中遇到的每一个重大困难，就像是马路上的岔路口，你选择走的路，不是通向突围，就是崩溃。

FAILING >>> FORWARD

> **你所经历的每次失败都像一个岔路口。你**
> **选择走的路，不是通向突围，就是崩溃。**

迪克·比格斯（Dick Biggs）曾经帮助一些世界500强公司提高利润和生产效率。他指出，每个人都曾遭遇不公平的待遇，因此，有些人就会抱着得过且过的心态。他说，生活中的转折点是教会我们坚持不懈的最好老师。人的一生中总会有3—9个转折点或重大变故，这些转折可以是愉快的事，也可以是不愉快的事，比如失业、离婚、财务问题、健康问题或者失去挚爱等。转折点可以提高你的眼界，使你从更高的维度来看待生活中的重大变故。时间可以治疗伤痛。通过转折点，人们能够在生活和职业上得到成长。

如果你曾经受过心灵重创，首先要学会正视伤痛。为生活中的失败感到难过，然后原谅别人，包括自己（如果有必要的话）。这样做有助于你继续前进。（如果无法靠自己完成，就得从专业人士那儿寻求帮助）

这个过程非常困难，但却是可以做到的。今天就是你忘掉过去的伤痛、迎接未来的那一天。不要被自己的过去绑架。

东方的梦想

卡布里尼修女（Sister Frances Cabrini）常常进行简单的旅行（不带很多个人行李）。1889年3月的一天，这位38岁的修女在埃利斯岛下船。摆在她面前的任务是，在纽约市建立孤儿院、学校和修道院。尽管过去有过类似经历，但她从来没有为这样的问题感到如此心事重重。

卡布里尼出生在意大利伦巴第的圣安杰洛，因为早产两个月，她一直是村子里最体弱多病的小孩。6岁时，她立志要去中国传教，但那时别人对她的梦想嗤之以鼻。

姐姐罗莎数落她："教会绝不会接受一个体弱多病的病秧子。"

12岁时，她发誓守贞；18岁时，刚满足最低年龄要求，她就申请加入圣心修女会，但因为体弱多病而被拒绝了。

但这没有让卡布里尼修女打消去亚洲传教的念头，她开始在村子里做一些力所能及的事情，锻炼自己的能力，证明自己的价值。比如教育邻居的小孩，关爱年迈的村民。在天花疫情爆发的时候，她一直照顾家人和朋友，直到自己也病倒。康复后，她又一次申请加入修女会，但再次遭到了拒绝。

向前一步

六年后，卡布里尼终于被教会接纳。她觉得这下离自己到中国传教的梦想又近了一步。然而烦恼接踵而至，她的双亲在一年之内相继去世了。她没能被派到海外，反而被派到当地的一所学校教书。后来，她也曾向其他机构申请到亚洲工作，但都被拒绝了。不久后，教会任命她到离家不到50英里的科多尼奥小镇管理一家小孤儿院。她在那儿度过了令人沮丧的六年，直到孤儿院关闭。

当时她还是梦想着能够去亚洲，一位前辈告诉她要想成为传教修会的一分子，必须自己先创办一个机构。她觉得有道理。于是，1880年，在孤儿院的6个女孩的帮助下，她创建了圣心传教修女会。在此后的八年间，她建成了修女会，并在米兰、罗马和其他城市成立了分会。

她尝试在亚洲取得一席之地，但是教宗让她打消到亚洲传教的念头。他说："你要去的不是东方，而是西方。你在美国会大有作为。"因此，她奉命到纽约市建立孤儿院、学校和修道院。

西进之路

这就是卡布里尼修女于1889年3月来到埃利斯岛的背景。她把到亚洲传教的毕生梦想留在了意大利，这个她唯一的故乡。但是她没有后悔，不像有些人那样停留在过去。

在接下来的28年里，她把全部精力投入于教化美洲人民的任务中，并克服了很多困难。抵达纽约后，她被告知建立孤儿院、学校和修道院的计划已经取消了，她应该返回意大利。但她解决了手头的问题，按原计划建成了这些设施。

不管面临什么困难，她都选择不断克服。1917年，在她67岁去世的时候，她建成了超过70家医院、学校和孤儿院，遍及美国、西班牙、法国、英国和南美洲。

卡布里尼修女的影响空前。她是她那个时代的特蕾莎修女——拥有同样的同情心、勇气、毅力和领导力。但如果她裹足不前，就不可能有这么大的影响力。她没有哀悼自己破碎的梦想和蹉跎的岁月，而是选择继续前进，做了自己力所能及的事情。希望我们大家都能像她一样勇敢。

和昨天告别

　　如果想要继续前进，就必须和昨天的负担、伤痛和悲剧告别。老是记着过去的问题，是不可能转败为胜的。

　　现在请你花点时间列出那些使你裹足不前的过去的负面经历：

　　针对每个列出的事项，都要按照下面的步骤做一次。

1. 承认伤痛。

2. 哀悼损失。

3. 原谅别人。

4. 原谅自己。

5. 下决心忘记这件事，继续前进。

　　如果因为心怀恨意而不好过，那就和老天说说，祈求它帮助你渡过难关。不管过程多么艰难，只有坚持不懈才能成功。只有和昨天告别，才能变成今天最好的自己。

转败为胜的第七步 FAILING FORWARD

转败为胜的步骤:

1. 认清普通人和成功者之间存在重要差异

2. 学会重新定义失败

3. 让自己远离失败

4. 采取行动,直面恐惧

5. 接受失败,承担责任

6. 不要让失败吞噬你

7. 和昨天告别

谁该为错误埋单？

失败是认识自己的最好机会。

——约翰·基林格

08

人有时要经历些失败，只有在对自己有了真正的认识后，才能取得伟大的成就。比如约翰·詹姆斯·奥杜邦（John James Audubon）的例子，奥杜邦协会（National Audubon Society）就以他的名字命名。他的一生堪称传奇——问题与进步、奋斗与成功、失败与蜚声并存。下面就是他的故事。

奥杜邦的经商生涯

奥杜邦是一位法国船长的儿子。1785 年，他在海地出生，在法国长大。他从小接受绅士教育，但学习成绩平平。因为不够自律，14 岁时他被送进军校，但并没有很好地适应那儿。他真正的兴趣是打猎和画鸟。

18 岁的时候，奥杜邦被送到美国，因为他的父亲认为新世界充满着机遇。奥杜邦在宾夕法尼亚上了船，住进了他父亲的房子里。刚到新大陆的时候，他被当成伐木工来培养。然而，他喜欢打猎和画野生动物。

没过多久，他便与邻居贝克韦尔一家有了交情，他们给他的生活带来很大影响。他爱上了贝克韦尔家的女儿露西。1807年，他开始在本杰明·贝克韦尔进口公司担任会计，这也成为他经商生涯的开端。

贸易生涯

奥杜邦首先尝试的是靛青染料生意，他为此还损失了一小笔钱，由此可见他没有什么经商头脑。做了一段时间进口生意后，奥杜邦决定到零售行业试试手。通过父亲，他认识了法国年轻商人费迪南德·罗齐尔，两人一道向西前往俄亥俄河畔肯塔基州的路易斯维尔。

他们开始做起了生意，一开始还有点起色。罗齐尔有点经商头脑，但奥杜邦还是老一套：爱好打猎，充满好奇心，精力无限，具有艺术天赋。当罗齐尔在店里忙得不可开交的时候，奥杜邦却在乡间打猎，带鸟回来写生，或者美餐一顿。

那段时间，奥杜邦最喜欢做的事就是去费城和纽约帮店里采购货物，这样就有机会到农村看看了。其间，他还回到宾夕法尼亚与露西·贝克韦尔结婚，并和妻子一起回到了路易斯维尔。

合伙经营没多久，他们的生意便遇到了财务问题。为了筹钱，奥杜邦变卖了露西娘家给她的房产，以此偿还了债务。

做出改变

后来，他们觉得换个店址可能生意会变好一些，于是搬到了位于俄亥俄河下游肯塔基州的亨德森市。他们在那儿待了六个月后，决定搬往密西西比河河畔。历经千辛万苦后，他们终于在位于密苏里州的圣吉纳维夫落脚。

奥杜邦还是一如往常，对生意不闻不问，把大部分时间花在打猎和画鸟上。不久，他就卖掉了店里的股份，与合伙人分道扬镳。罗齐尔继续经商，取得了很大的成功，奥杜邦则选择去寻找下一个机会。奥杜邦传记的作家，约翰·钱塞勒（John Chancellor）说："奥杜邦明白，他应该在做生意上多下点功夫，但是打猎、骑马和画鸟实在是太有趣了。"

屡败屡战

在接下来的10年里，奥杜邦经历了一连串失败的投资。1811年，他决定重操旧业。他和他的小舅子，托马斯·贝克韦尔，在新奥尔良成立公司，从英格兰进口货物。不巧的是，他们的生意开始于1812年战争（第二次独立战争）前夕。毫无疑问，他们又失败了。

奥杜邦与小舅子只好回到肯塔基州亨德森工作。生意稍有了一点起色，他们又做了个错误的决定——在小城镇上开蒸汽锯木厂和磨坊，这导致入不敷出，工厂于1819年破产。

这么些年来，能让奥杜邦坚持下来的只有两件事：打猎和艺术。现在他得靠这些来谋生了。他靠打猎的收获，养活了一家老小（他自己、露西，还有两个年幼的儿子），靠画画、素描赚外快。他的爱好就这样无心插柳地成了谋生的手段。

终于转对了方向

1820年，奥杜邦有了一个好主意，他决定在自己作品的基础上，编一本涵盖所有美国鸟类的图集。这些画都是实物大小，并以其生活的自然环境为背景。在接下来的几年里，他到处旅行，为自己的鸟类画册增加内容，而露西则留在路易斯安那，靠当家教和管家谋生。

1826年，奥杜邦终于攒够了画，他坐船来到英国利物浦，并迅速取得了巨大的成功。他在给妻子露西的回信中说:"我在所到之处都受到了热情款待,人们赞美、欣赏我的作品,我这么多年来的焦虑终于得到纾解,我知道自己的努力没有白费。"奥杜邦与雕刻家罗伯特·哈维尔(Robert Havell)合作,一起出版了精致的《美国鸟类大全》,内有100幅彩图,每幅图的尺寸为宽29英寸、高39英寸。奥杜邦如此描述那段经历:"谁能相信,我一个人孤孤单单来到英国,举目无亲,手头只有过路的盘缠,却出版了这么伟大的作品?"

《美国鸟类大全》的出版不仅为他带来了经济收入,也让他蜚声整个欧洲和美国。这种书从来没有人出版过,也没有得到过如此的尊重。第一版总共印刷了200册。这本书在今天看来仍是杰作,一本原版的《美国鸟类大全》在19世纪20年代可以卖到1000美元,如今价值500万美元!

问题在于自己

奥杜邦大部分的人生都是失败的。直到45岁,他才发现问题的症结在于自己。他没有生意头脑,根本不应该涉足贸易,不管怎么改变地点、合伙人或商业模式都没用。一直到他理解自己并做出了改变,才获得成功的机会。下面这个说法对他同样适用:如果可以踢那个老是给你找麻烦的人,你肯定有好几周都没法好好坐在座位上。

曾经有人问作家穆迪,谁给他造成的麻烦最多。他的回答是:"穆迪带给我的麻烦,比世界上任何人都多。"

电视主持人杰克·帕尔也持相同意见:"回过头看,我的一生好像是一场障碍长跑,而我本人就是那个障碍。"如果你不断经历麻烦或是面临困难,那么就得检查一下,看看自己是不是就是问题的症结所在。

人为什么不愿改变？

人不愿意承认自己需要改变。即便他们愿意改变自己，也只是做表面功夫而已。也许这就是为什么爱默生说："人总是在为生活做准备，却从来没真正生活过。"然而任何希望世界变得更加美好的人，都必须改变自己。芝加哥阿尔弗雷德·阿德勒研究所主任——精神病学家鲁道夫·德瑞克斯（Rudolf Dreikurs）说："只要改变自己，我们就能改变生活以及身边的人对我们的态度。"

FAILING >>>
FORWARD

只要改变自己，我们就能改变生活以及身边的人对我们的态度。

——鲁道夫·德瑞克斯

人为什么会迟迟不肯做出改变？我相信有些人像奥杜邦一样，认为自己生下来就该追求某项事业，哪怕这与他们的天赋和才华不匹配。当他们在自己不擅长的领域工作时，往往就会表现很差。另外一些人甚至根本不知道自己的强项是什么，就像本·富兰克林说的："有三样东西坚不可摧，钢铁、钻石，还有自知之明。"人不自知，反而会阻碍自己前进。

我读过一篇关于19世纪法国国际象棋冠军亚历山大·德夏佩尔（Alexandre Deschapelles）的文章。他是一个成功的棋手，很早就在其所在地区斩获冠军。随着比赛竞争加剧，他做了一个决定，只有对手同意他让一个兵，并且先出一步的时候，他才愿意参加比赛。这样一来，不管最后谁赢谁输，看上去都不会太难看。如果输了，他可以说自己一开始就比较吃亏;如果赢了,别人会认为他是天赋异禀。现代心理学家把这种心态称为"德夏佩尔计谋"。

改变主意没什么不好的

心理学家谢尔顿·科普(Sheldon Kopp)说:"所有重大的斗争,都是与自己进行的。"这话一点不假。人们总是与自己的缺点和失败进行最伟大的斗争。奥杜邦一直认为爱好打猎和画画是自己致命的缺点,因为他觉得自己去经商才是正确的。但当他意识到猎枪和画板也可以成为谋生的手段后,他就豁然开朗了。

> F AILING >>>
> F ORWARD
>
> **所有重大的斗争,都是与自己进行的。**
>
> ——谢尔顿·科普

成功的电视制作人、电影导演盖瑞·马歇尔,自认为是一个后进生,曾经遭遇过很多失败。你可能对他的成功之作耳熟能详:电影《风月俏佳人》,电视剧《单身公寓》《拉文与雪莉》《欢乐时光》。但他的其他作品,比如《布兰斯基的美女》《我与猩猩》都非常失败。

"大多数人都会尝试去改正缺点,或者拒绝承认,"马歇尔说,"我总觉最好是承认:'这些是我的缺点。但现在我得找找自己的长处了。'不要把缺点作为自己放弃的借口。要么向前,要么就滚一边去。"

要么向前，要么就滚一边去

维克多·雨果所著《悲惨世界》的主角冉·阿让说过："死亡不可怕，可怕的是从未活过。"这就好像那些拒绝承认自己缺点的人，硬是要把缺点掩盖起来，假装缺点从未有过。只有认识自己，直面缺点，才有机会开发自己的潜能。让我们一起来完成以下步骤：

1. 认清自己

施恩主教曾经说过："我们大部分人不喜欢审视自己，这和不喜欢打开传递坏消息的信封是一样的道理。"很多人只看坏消息，不看好消息，或者只看好消息，不看坏消息。但你必须两样都看，才能发现自己的潜能。

2. 虚心接受自己的缺点

在第五章里我曾经说过，必须对自己的行动负责，才能转败为胜。但同时必须把自己作为"人"来看待，并负起相应的责任。换句话说，必须承认自己不会的事（就能力而言）、不应做的事（就天赋而言）和不该做的事（就品行而言）。这可不容易。

3. 挖掘自己的强项

下一步，要在自己的强项上下功夫，没人能靠自己的弱点成就梦想。要想出人头地，就要做自己擅长的事情。

FAILING >>>
FORWARD

要想出人头地，就要做自己擅长的事情。

4. 积极提升自己的强项

就像奥杜邦一样，只有满怀热情地发展自己的天赋，你才能进步。唯有督促今天的自己，明天你才有可能发挥潜能。记住，要想改变世界，必须先改变自己。

这人是谁?

我知道的关于改变的故事，其实也发生在我所在的音久公司的员工身上。当我写这本书的时候，曾考虑过把谁的故事放进这一章中。我的助理琳达·埃格斯建议，她的故事或许能帮助你们更好地理解下面这句话：只有改变自己，才能改变生活。

假如你曾经和我聊过天，那你肯定听我说起过琳达。我认为她是美国最优秀的行政助理。但一开始时，我并不是这么想的。几年前，我们经历过一段磨合期，现在之所以能够合作，正是因为她愿意认真审视自己，在生活中做出改变，并最终变成自己想要成为的那种人。

20世纪80年代中期，我在位于圣迭戈的天际教堂担任资深牧师，琳达从那时候开始就与我共事。当时她在史蒂夫·巴比负责的财务部门就职。而我刚刚在好友迪克·彼得森的帮助下，创建了音久公司。那时候公司刚刚起步，所谓的员工其实就是几名志愿者，包括琳达和她的丈夫帕特里克。

协助创建团队

与琳达一起工作了一阵子后，我邀请她参加一场在南加州举办的讲座。会议期间，琳达感觉自己很乐意与我一起在音久公司工作，帮助他人成为更好的领导者。她在会后和我分享了这些想法。不久后，音久公司招聘人员，我们便聘用了她。

在音久公司现任首席运营官、音久会议与资源公司主席——迪克·彼得森的领导下，琳达很快成为公司的重要员工。无论什么工作交给她，她都会尽力完成。她负责行政工作、员工聘任、会计账目，甚至协助开发产品。随着公司的壮大，她的责任越来越大。20世纪90年代早期，她就成了迪克的左膀右臂。

犯 错

忽然有一天，琳达辞职了。她提前两周提出辞职，然后就整理东西走人了。她没有给任何解释就离开了公司，迪克和我感到十分震惊。

几周后，我发现琳达在为我一个做会计的朋友当秘书。我很惊讶，因为她一直都很喜欢自己的工作。我无法相信拆拆信封、录录数据就能让她满足。

接着，更惊人的情况出现了。我听说琳达对我和音久公司都很反感。她倒不是恶意中伤我和公司，但她的话并不是实际情况。这让我很难过，因为我对她的印象一直不错。

生活还得继续，迪克聘请了其他人来代替琳达，公司也逐渐壮大。八个月后，我接到琳达的电话说她想要见我。她来我办公室的那天，浑身都在颤抖。她一边说，一边哭，为自己说过的坏话道歉，然后她告诉我辞职的原因。

"我工作这么努力，工作时间又长，我感到很煎熬，可是没人关心我。我现在才意识到，我应该去找迪克或你，告诉你们我的感受。但那时候我急于表现，心比天高，不愿意求助别人。然后我就开始自怜自艾。约翰，我真的非常抱歉。"

琳达接着说，在开始新工作的一个月后，她就知道自己犯了一个大错，她应该留在音久公司。

"那你现在打算怎么办?"我问道。

"我不知道。现在的公司我也不想待了,因为我干不了。我想再找份工作。"

"你有想过再回到音久吗?"

"你觉得你还能信任我吗?"

"我不知道。"

那天晚些时候,迪克告诉我琳达也和他见面并道歉了,她还和现在的公司领导道了歉。

迪克和我商量了一下,决定再次聘用她,但这次是不同的岗位,因为当时唯一空缺的是接听电话和回信的职位。这对曾是迪克的左膀右臂的琳达来说,肯定很难接受,但是她接受了。整整三年,琳达努力工作,交办的事情,她都积极地做得尽善尽美。慢慢地,迪克愈来愈倚重她。

帮助做出改变

1995 年,我离开天际教堂,全身心投入到音久公司,急需一个新助理。我的其中一个人选就是琳达,我知道她完全可以胜任。需要解决的唯一问题,就是我能否无条件地相信她。和我一起工作的行政助理必须打理我的生活,处理我和家人的敏感资料,并作为我的代言人在人前发言。

没过多久,我就做出了决定,我非常希望琳达能成为我的助理。从那天起,我从来没有后悔,也未曾质疑过她。事实上,如果不是她很勇敢地建议我引用她的故事,我绝对不会想起来分享这件事。

琳达重新开始和我一起工作后,告诉了我一些有趣的事情。"早在1986 年你还在天际教堂工作的时候,我就相信总有一天我会成为你的助理。回想一下,我居然差点丢掉这个机会! 其中的转折点就是有一天,我看着镜子里的自己,意识到生活需要做些改变,从态度开始改变。如果不是这样,我永远不会有机会在这儿工作。"

现在的琳达很出色，她的能力值得称道。我的讲座或书能给人带来积极的影响，她功不可没。对我来说，她是千金不换的秘书。

读到这里，如果你对现在的工作、家庭或者生活不满，先看看自己能够改变什么，而不要急于改变周围的环境。请记住：

> 不知道自己想要什么，是缺乏知识；不去追求自己想要的，
> 是缺乏动力；无法完成自己的梦想，是缺乏毅力。

如果能够充分了解自己，并做出必要的改变，去学习、去成长，为自己的梦想付出，那就一定能够实现你心中的梦想。

转败为胜的第八步　　　　　FAILING FORWARD

要想改变世界，先改变自己

萨姆·皮普尔斯（Sam Peeples Jr.）说："周围的环境，生活中发生的事，以及围绕在我身边的人，并不会造就现在的我，但会反映我是个怎样的人。花点时间审视一下自己的弱点和强项，重新发现自己。"

首先，请列出自己主要的弱点和缺点：

我的弱点

自己的观察：

与我最亲近的人的观察：

其他人的观察：

弱点是需要改进的。如果列出的弱点与态度或性格有关，你就需要和琳达一样，彻底做出改变（可能需要道歉、赔偿，或是改变生活方式）。如果列出的弱点与缺乏能力或技能有关，那么你就需要改变自己的优先顺序、目标或者工作岗位。

现在来看看你的强项。列出你所拥有的天赋、技能、机遇和资源。

转败为胜的第八步　　　　　　　　FAILING FORWARD

我的强项

天赋：

技能：

机遇：

资源：

制订一套计划，使你能够利用你的强项，最大化开发自己的潜能。请记住，不改变内心，就无法改变外在。要想改变世界，就先改变自己。

转败为胜的步骤：

1. 认清普通人和成功者之间存在重要差异
2. 学会重新定义失败
3. 让自己远离失败
4. 采取行动，直面恐惧
5. 接受失败，承担责任
6. 不要让失败吞噬你
7. 和昨天告别
8. 要想改变世界，先改变自己

忘掉自己——有些人已经做到了

自我意识就像一个牢笼，让人深陷其中无处
可逃。

——芭芭拉·沃德

09

想要转败为胜的人必须将关注点从自己转移到帮助别人上，换一种说法就是超越自我。几年前，我看过的一部电影《生命因你而动听》，就很好地阐释了这一点。

一切皆因一句"谢谢你"

电影的编剧帕特里克·希恩·邓肯（Patrick Sheane Duncan）在某天堵车时从广播里听到一则新闻，其中提到加州的学校将会裁撤专业和教师。

邓肯说："我忽然意识到老师的重要性，作为成年人，我们最重要的事情就是做好子女的教育。"

曾经有一位老师对邓肯的影响非常深。"她是我所在的中学里最刻薄、最难对付的老师。"他回忆道，"但是她却买书送给我，还把她儿子穿过的衣服给我，《生命因你而动听》这部电影就是送给她和其他所有老师的礼物。"

一个人的旅行

这部电影讲述了由理查德·德莱弗斯（Richard Dreyfuss）饰演的青年音乐家格伦·霍兰德梦想成为作曲家的故事。霍兰德生活拮据，为了养家糊口，他找了一份教师的工作。结果这份本打算暂时过渡的工作却成为他一生的事业。随着剧情的发展，他与学生分享自己对音乐的热忱，在此过程中，他也重新发现了自我。

电影的高潮是霍兰德先生因为学校裁员而失去工作。他忽然发现自己已至中年，早已没有勇气背起行囊带着自己过去20年在闲暇时光里写的交响曲去纽约闯荡了。他意志消沉，感觉自己被世界抛弃，生不如死。

他心情沮丧，垂头丧气地离开教室，打算走出学校，不辞而别。这时他听到了从礼堂传来的声响，走过去一看，里面站满了这些年里他教过的学生，当中甚至有现任州长，他们都因为他的谆谆教导而改变了人生轨迹。

平凡人做了不平凡的事

电影导演斯蒂芬·赫瑞克（Stephen Herek）被《生命因你而动听》的剧本所吸引。他说："这个剧本把我看哭了，我很少读剧本读到泪如雨下，但读完这本的时候我再也控制不住了。这是一个平凡人成为英雄的故事，主人公是一位教师，一个能够对其他人产生深远影响的人。"

很多人认为，只有具有天赋的精英阶层才能够影响他人。其实不然，任何平凡人——比如电影中的格伦·霍兰德，也能给别人带来积极影响。

有些不太成功的人，一旦取得了一定的成绩，或是发现了新的特长，就会想着超越别人。但我想告诉他们，他们之所以一再失败，就是因为他们一味想着自己，不关心别人。他们担心别人怎么看自己，为了确保不被别人超越，专注于看好自己的一亩三分地。

FAILING >>>
FORWARD

很多人之所以一再失败，就是因为他们一味想着自己，不关心别人。

几年前，我读到过一篇关于纽约洋基队经理比利·马丁（Billy Martin）的文章，文中写道，球员出身的马丁在职业生涯后期，花费了大量时间，假设假想敌的存在并挫败其针对自己的阴谋。我不确定这篇报道的真实性有多高，但我知道这么一个事实：马丁在洋基队经理的位置上五进五出。

我的父亲喜欢讲笑话，越是老套的笑话，他越是喜欢。我曾经有一次和他一起去圣迭戈观看全美橄榄球比赛，当闪电队（Chargers）聚成一团的时候，他凑近我说："约翰，你听说过那个再也不看球的家伙吗？每当球队聚在一起时，他就觉得别人在谈论他！"

如果你总是把注意力集中在自己身上，我得给你一句忠告：忘掉自己。有些人已经做到了。

如果你曾无数次失败，并且把大部分时间和精力花在自己感兴趣的事情上，也许该换一种新的思维方式——先想想别人。如果多疑而自私成为你实现梦想或目标的阻碍，那就必须进行调整，以便获得成功。

不要只关注自己

应该先去关注别人，而不是自己。负面思维和心理问题的主要诱因之一，就是以自我为中心。自私最终伤害的不只是身边的人，还有以自我为中心者本人。自私使人产生负面思维，最终走向失败。

这就是为什么卡尔·曼宁格博士会给出这样的回答。有人问他："如果有人快要精神崩溃了，你会怎么建议？"

大部分人以为他会回答："咨询心理医生。"因为这是他的职业。令人出乎意料的是，曼宁格回答说："锁上门，走到火车铁轨上，看看是不是有人需要帮忙，如果有，那就搭把手。"

我的朋友凯文·迈尔斯说："大多数人都缺乏安全感，不愿意付出任何东西。"他说得很对，把所有注意力集中在自己身上的人，总会觉得生活中缺点什么，所以很想要得到。比如，下面有一些需求，如果失去了就会产生一些常见的副作用：

内心的需求	如果失去了，我会觉得……
归属感	没有安全感
价值感	低人一等
有能力	能力不足
有目标	漫无目的

如曼宁格所言，培养给予的精神，有助于从积极和健康的角度来克服不足。正如他所说："慷慨的人很少会有心理问题。"

FAILING >>>
FORWARD

慷慨的人很少会有心理问题。

——卡尔·曼宁格

如果能够尝试帮助别人，就不会将注意力全部集中于自己身上。

别把事情看得太重

我的讲座常常会与很多领导者合作。我发现，他们大多数人都把自己看得太重了，这绝非个案。我接触的各个阶层的人，都充斥着悲观、失望的态度。不管工作如何严肃，都需要放松，没必要把事情看得太重。

几周前，我在澳大利亚讲授领导力，有几千名商务人士参加。我告诉他们，大多数人都把自己看得过于重要。事实上，如果我哪天去世，我的牧师好友会念一段漂亮的悼词，讲几段关于我的趣事，但20分钟之后，他能想到的最重要的事情，肯定是在招待会上找土豆沙拉。对这些事情，我们必须保持幽默感，特别是在与人合作的时候。喜剧演员维克托·博格（Victor Borge）说过："笑是缩短人与人之间距离的最佳方式。"

一定要说出一个把工作和自己看得很重要的人，那一定是美国总统。然而即便是身在其位的人，仍然可以保持幽默和谦逊。比如当卡尔文·柯立芝总统被问及是否会参加在费城举行的150周年纪念博览会时，他回答："是的。"

一位记者问："总统先生，您为什么要参加？"

柯立芝回答："作为参展品参加啊。"

更近一些的例子，有人告诉乔治·布什有一家公司在销售儿童用的总统纸牌，他的回应是："我可不敢问需要多少张乔治·布什才能得到一张迈克尔·乔丹喔。"

不要总是把自己看得太重，给自己和别人都放个假吧。笑一笑，生活好。

团队第一

如果留心最近的体育赛事，你会听到很多关于职业运动员自私自利的消息。最近的批评主要针对的是职业篮球运动员，大家感觉很多球员都有一种"独狼"的心态。批评者常常拿1996年奥运会美国男篮和女篮的表现做比较。男篮中天才球员的数量远超对手，然而队员们有时候很难像一个整体一样打球，而女篮队员用表现诠释了团队合作的精神。

当比赛竞争激烈的时候，自私自利会让球队无法获胜，最终导致失败。如果靠个人天赋可以赢得冠军的话，那么20世纪90年代后期的洛杉矶湖人队早就夺冠了。

幸好，美国职业篮球联赛的故事，与自私和失败无关。1999年美国职业篮球联赛冠军——圣安东尼奥马刺队之所以能夺冠，是因为队中独揽近10年最佳球员的人，深知忘我的重要性。

身高2米16的大卫·罗宾逊，是马刺队的核心。在10年的职业生涯中，他几乎获得了职业篮球运动员的所有奖项：最佳新人（1990），篮板王（1991），年度最佳防守球员（1992），年度盖帽王（1992），年度得分王（1994），以及最有价值球员（1995），还曾8次入选美国职业篮球联赛全明星球员。他持续的优异表现，使他在美国职业篮球联赛在场均得分等多项最佳中名列前茅，更被提名为美国职业篮球联赛历史上最伟大的50位球员之一。

尽管个人成就巨大，但是罗宾逊直到1999年才迎来了自己的第一个美国职业篮球联赛的冠军。他是如何做到的？放弃进攻性的打法，让另一位球员——蒂姆·邓肯成为球队的英雄。

1999年季后赛期间，队友埃弗里·约翰逊评论道："大卫·罗宾逊是个团队球员，是最后的赢家。他像变了个人一样，把球队利益放在第一位。凭他的实力，要场均砍下25分都没有问题，但是那样能赢得冠军吗？

不能。"

1999年，罗宾逊的场均得分是职业生涯最低的。他是这么说的："我意识到，球队更需要我注重防守和篮板。我和蒂姆不只需要得分才能赢球。尽管偶尔我的表现好一些，但球队的核心是蒂姆，我对此毫不介意。"

罗宾逊无私地把球队利益摆在第一位，最终让每个人都取得成功。如果你想克服困难，取得胜利，也必须忘我。

帮助别人

当别人想到你的时候，他们会怎么说呢？是"我的生活因为那个家伙变好了"，还是"变得更糟糕"呢？他们的回答反映了你能否给别人带来帮助。在几年前移居亚特兰大后，我交了些朋友，比如霍华德和多丽丝。不久前，妻子玛格丽特和我参加了多丽丝的生日派对，很多人因为此前得到过多丽丝的帮助，都来参加派对。大家不断站起来，讲述多丽丝给他（她）的生活带来的改变。

多丽丝是个特别努力的人。1998年12月心脏病发后，我有一段时间必须每天到医院做检查。虽然才刚认识不久，多丽丝却放下手边所有的事，来陪伴玛格丽特。多丽丝经常这样帮助别人，她是一个很好的朋友。

等大家说完感谢的话后，多丽丝站起来说："我一生的心愿，就是希望朋友们的生活会因为认识了我而变得更美好。谢谢你们让我觉得自己确实做了一点事。"

想获得成功，就得试着帮助别人。就像我的朋友金克拉说的："帮别人实现梦想，就是帮助自己。"那要怎样才能做到呢？如何把注意力从自己身上移开，给别人带来帮助呢？你可以照下面这么做：

1. 先想着别人

当遇到别人的时候，你的第一反应是：他们是怎么看我的？还是如何使他们觉得更自在？在工作中，你是希望你的同事或老板脸上有光？还是更关心自己有没有吃亏？与家人交流时，你最在乎的是谁的需求呢？

答案会折射你的内心。帮助别人，必须要学会从思想上就把别人摆在自己前面。只有这么想，才能够在行动中把他们摆在首位。

2. 找到别人所需

不知道别人最在乎什么，怎么给别人帮助呢？必须学会倾听。问问他们最关注什么，然后观察。发现别人如何利用时间和金钱，才能知道他们真正在乎什么。只有知道了别人的价值观，才能给予他们帮助。

FAILING >>>
FORWARD

> 只有知道了别人的价值观，才能给予他们帮助。

3. 用卓越和慷慨来满足

最后需要切实的行动。一旦知道了别人最在乎的东西，就应该用自己的卓越和慷慨，尽力去满足他们的需求。付出所有，不要想是不是能够得到回报。

卡尔文·柯立芝总统相信："没有任何企业能够独立存在。企业要么是满足需求，要么是提供重要的服务，但肯定是为别人，而不是为自己服务。要不然，这企业肯定会因为赚不到钱而关门大吉。"

没有任何企业能够独立存在。企业要么是满足需求，要么是提供重要的服务，但肯定是为别人，而不是为自己服务。要不然，这企业肯定会因为赚不到钱而关门大吉。

——卡尔文·柯立芝

伟大人物的背后

当我想到历史上一些为人类做出巨大贡献的杰出人物时，第一个进入我脑海的就是18世纪开创卫理宗运动的英国人——约翰·卫斯理（John Wesley），他把一生都无私地奉献给上帝。但是，我认为他家里还有另外一个人比他更无私。正是因为她，卫斯理才能够取得如此的成就。

这个人就是约翰的母亲，苏珊娜·卫斯理。苏珊娜1669年出生于伦敦的一个富足家庭，是家中第24个小孩，她聪明伶俐，是牧师父亲——塞缪尔·安斯利的掌上明珠。尽管在当时的英格兰，女孩没有接受正规教育的机会，苏珊娜却从父亲那里得到了最好的教育。当时的许多知名人士在她家聚会，讨论时事和哲学，父亲允许她待在书房，苏珊娜因此而博学多闻，聪慧过人。

19岁的时候，她嫁给了当时最有学问的年轻牧师——塞缪尔·卫斯理。他们成家后，开始一起生活。不久，苏珊娜怀了第一个孩子，后来陆续又生了好多个孩子。可惜他们的生活和想象中相差十万八千里，在近50年的婚姻生活里，他们经济上一直都不宽裕。

影响伟人的人

在那个年代，中产阶层的女性一般不外出工作，但苏珊娜对家庭的付出比全职女性还要多。她一心投入家庭，操持家务和开支（丈夫不懂得理财）以及自家不多的土地收成。塞缪尔因债务问题被关进林肯城堡的那3个月，她也挺过来了。此外，她还生育了许多孩子，这在当时非常普遍。21年间，她一共生了19个孩子，其中只有10个长大成人。

在为家庭付出之外，苏珊娜最重要的工作是教育孩子。她每天花6个小时（周日除外）为自己的3个儿子和7个女儿教授道德和文化课，并将此作为自己的人生目标。

当她60多岁时，儿子约翰请她把自己教育孩子的方法写下来，她回答说：

> 我非常反对要让我写如何教导孩子的方法。我已经退休这么多年了，我过去如何全心全意地抚养孩子长大，对别人来说都是没有意义的。简单来说，如果不推销，没有人会注意我的教学方法。很少有人会奉献自己20年的黄金岁月，来拯救孩子的灵魂，因为他们觉得拯救孩子的灵魂不需要花很多时间，而那却是我的首要目标。

她无私地奉献自己，放弃了包括20年黄金岁月在内的很多东西。但儿女的表现，足以证明她的付出是值得的。查尔斯是一位具有影响力的牧师，被认为是有史以来最伟大的圣歌作曲家。约翰被公认为是当时影响英格兰最深的人物。他给新教带来的影响相当深远。

或许你无法像苏珊娜·卫斯理那样，为家庭付出那么多时间。但重要的是，你应该尽自己所能，去关心自己所爱之人。要做到这些，唯有忘掉自己。多花点心思在"我能给予什么"上，而不是"我能得到什么"上，因为给予才是生活的最高境界。

转败为胜的第九步　　　　　　FAILING FORWARD

忘掉自己，奉献自己

如果没法大公无私，那你就得审视一下自己的态度，然后把满足别人的需求作为自己生活的首要目标。你可以在一天的开始和结束的时候，问自己下列问题：

- 我把生命奉献给了谁？
- 我要帮助的人，哪些是没法回报我的？
- 我要帮助的人，哪些是没法自救的？
- 我每天都要鼓励谁？

如果每天能够先关注别人的需求，那你很快就能准确、坚定地回答以上的问题了。

转败为胜的步骤：

1. 认清普通人和成功者之间存在重要差异
2. 学会重新定义失败
3. 让自己远离失败
4. 采取行动，直面恐惧
5. 接受失败，承担责任
6. 不要让失败吞噬你
7. 和昨天告别
8. 要想改变世界，先改变自己
9. 忘掉自己，奉献自己

FAILING >>> FORWARD

像拥抱朋友一样拥抱失败

抓住困境中的积极因素

失败就是一个人在铸成大错后，还无法从错误中学习。

—埃尔伯特·哈伯德

10

艺术家大卫·贝尔斯（David Bayles）和特德·奥兰多（Ted Orland）讲过一位艺术老师的故事。这位老师把学生分成了两组，尝试采用不同的评分方法。这个故事把失败的优点阐释得很清楚。让我们来看看：

陶瓷课老师在第一堂课的时候宣布班上的学生将分为两组：教室左半边的学生，按照作品的数量来评分，右半边的学生，按照作品的质量来评分。做法很简单：最后一堂课的时候，老师会把家里的体重秤带到学校，来称量按量评分组学生的作品，重量50磅的得"优"，40磅的得"良"，依此类推。另外一组按质评分的学生，只要交出一件完美的作品，就可以得"优"。终于到了评分的时候，但他们却发现了一个很有趣的现象：品质最好的作品，都是出自按量评分的那一组。因为，按量评分组的学生忙着制作大量作品，并从错误中得到了学习的机会，而按质评分组的学生只是埋头苦想如何制造出完美的作品，结果只交出一大堆沉闷的泥巴。

不管身处哪一个领域——艺术、商业、管理、运动或是公关，如果你想出人头地，越早失败越好，只有屡败屡战，才能最终转败为胜。

享受过程

每年，我都要在不计其数的会上，为几千人讲授领导力。我心里最大的疑惑，就是有些人参加完活动回到家后，生活根本不会发生任何改变。他们喜欢参加活动，却无法将听到的东西付诸行动。我常常说：人们太注重结果，却往往忽视过程。只有一步一个脚印，梦想才能成真。这也是为什么我要写书、录制音频节目的原因——帮助大家在精进的过程上下功夫。

$F^{\text{AILING}}_{\text{ORWARD}}$ >>>

人们太注重结果，却往往忽视过程。只有一步一个脚印，梦想才能成真。

人总是有惰性的，这也是为什么自我精进总是很难的原因。每一次成功都充斥着挫折。成功的过程，就是不断地与失败作斗争，屡败屡战。

大部分人都得承认，只有经历过挫折才能成功，经历过挫折才能进步。但是我相信，只有思想上有更深的认识，才能取得成功。为了达成梦想，我们必须拥抱挫折，把失败当作生活的一部分，只有经历过失败，才会进步。

FAILING >>>
FORWARD

为了达成梦想，我们必须拥抱挫折，把失败当作生活的一部分，只有经历过失败，才会进步。

逆境的好处

心理学家乔伊斯·布拉泽斯（Joyce Brothers）博士说过："渴望成功的人，必须学会把失败当作登顶途中常见的、不可避免的插曲。"挫折和失败，是成功的必经之路，也是其中很重要的一环。事实上，经历逆境有很多好处。下面列举了几个要拥抱逆境、坚持不懈克服困难的原因：

1. 逆境锻炼应变能力

生活中没有什么能够比逆境和失败更能锻炼直面困难的应变能力的了。20世纪80年代中期，《时代》杂志里的一篇研究报告这样写道：

一批人因为工厂倒闭，经历了三次失业后仍然能够直面挫折。心理学家预计他们会非常沮丧，但是他们在身处逆境时却出人意料地非常乐观。他们虽然三次失业，却至少两次又找到新工作，比那些一直待在一家公司最终被解雇的人，他们更明白如何在逆境中处理问题。

2. 逆境使人成熟

逆境使人痛苦，但能让人变得更好。为什么呢？因为挫折有助于人汲取智慧，加速成长。美国剧作家威廉·萨罗扬（William Saroyan）说过："一个人之所以优秀，是因为他从失败中汲取了智慧。"在成功里，人们很难获取智慧。

随着世界变化的脚步越来越快，成熟的心智和灵活的应变能力也变得越来越重要，这些品质都是通过历练获得的。哈佛商学院教授约翰·科特（John Kotter）说："20 年前一群主管在讨论一位应征高级职位的人时肯定是这么说的：'这家伙在 32 岁的时候犯了个大错。'其他人会说：'对啊，对啊，这可不是个好兆头。'可以想象，今天的同样一群人在考虑一位应征者时会这么说：'这个人从来没有失败过，这让我很担心。'"曾面对过困难并将其克服，就等于为将来的困难做好了心理准备。

3. 逆境有助于突破个人极限

劳埃德·奥格尔维（Lloyd Ogilvie）曾说起一位年轻时在马戏团表演的朋友。他如此描述在高空秋千上的工作：

> 当知道下面的安全网会接住你的时候，你的心里就不再担心会掉下去，反而学会了如何掉得漂亮！换句话说，不再担心掉下去，就能够专注于接住荡过来的秋千。因为过去不断掉落的经历让你相信，安全网足够坚固……掉下去被网接住的经历，会使你产生一种神秘的自信和胆量，掉下去的次数也会越来越少。每次掉落都让你更敢于尝试。

除非从经验中学会如何面对逆境，要不然人是不愿意突破传统，超越自我，或者挑战生理极限的。失败能使人重新思考现状。

4. 逆境带来机遇

我个人认为，一直顺风顺水反而会限制潜能的开发。我见到的几乎每一位成功的企业家，都有很多经历能证明逆境和挫折能带来更多的机遇。比如，1978年，新泽西州纽瓦克一位俄裔穷木匠的儿子伯尼·马库斯（Bernie Marcus）被一家DIY五金工坊"工匠丹"解雇了。这促成了他与阿瑟·布兰克（Arthur Blank）的合作，开创了自己的生意。1979年，他们在佐治亚州亚特拉大开了第一家店，店名叫"家得宝"（The Home Depot）。现在，家得宝拥有760多家连锁店，员工超过15.7万人，是国际化大公司，每年营业额超300亿美元。

伯尼·马库斯被解雇时肯定很不高兴，但如果他没被解雇，他能否取得今天的成就还真的很难说。

5. 逆境促人创新

20世纪初期，一个小男孩跟随家人从瑞典移民到美国伊利诺伊州，他寄出25美分订购了一本摄影书，可他却收到了一本关于腹语的书。那怎么办呢？他改学腹语。这个小男孩叫埃德加·伯根（Edgar Bergen），多年来，他和他的木偶查理·麦卡锡（Charlie McCarthy），为许多观众带来了欢乐。

创新的核心在于创造力，这是成功的要素之一。休斯敦大学教授杰克·马特森（Jack Matson）就很认同这一点，他开发了一门叫作"失败"的课程。马特森让学生们设计没人想买的模型，他的目的就是要让学生同等对待失败和创新，这样才能按照自己的想法尝试新鲜事物。"他们学会了调整之后再次出击。"马特森总结道。要想取得成功，就必须学会不断调整和尝试，身处逆境有助于人们开发这项能力。

6. 逆境能带来意外收获

一般人在犯错的时候，会自然而然地觉得这就是失败。但在一些成功人士的故事中，常常有人从错误中得到意外收获。比如大家耳熟能详的爱迪生和留声机的故事，留声机其实是在另外一个完全无关的发明过程中被创造出来的。你知道吗？家乐氏（Kellogg's）玉米片是因为煮熟的麦片被忘在烤盘上一整夜而发明出来的。还有，象牙皂之所以能浮起来，是因为有一部分材料被留在搅拌机里太久，掺入了大量的空气。还有，现代的Scott厨房纸巾的发明竟是因为一次在制造纸机里误放了很多层纸巾！

FAILING >>>
FORWARD

在科学里，错误总是比真理领先一步。

——霍勒斯·沃波尔

霍勒斯·沃波尔（Horace Walpole）说过："在科学里，错误总是比真理领先一步。"类似情况也发生在德裔瑞士化学家克里斯蒂安·弗里德里克·舍恩拜因身上。有一天，他在厨房用硫酸和硝酸做被妻子严令禁止的实验，一不小心把混合溶液泼到厨房餐桌上，他一想：这下糟了，如果太太发现可不得了！于是赶忙抓了一条棉布围裙，把污渍擦干净，然后将围裙挂在火炉旁边干燥。

忽然之间，发生了剧烈的爆炸，是棉布里的纤维发生了硝化反应。舍恩拜因因此意外地发明了硝化纤维——后来被称为无烟炸药或棉火药。他将这一发明推向市场，赚了很多钱。

7. 逆境可以激励人

几年前，贝尔·布莱恩特（Bear Bryant）还在阿拉巴马大学橄榄球队执教，在一场比赛中，他的红潮队（Crimson Tide）在终场前不到两分钟以6分领先。布莱恩特派出四分卫，并叮嘱他采用保守的打法，把时间耗光。当球员们围在一起的时候，四分卫说："教练要我们采取保守的打法，对手肯定也是这么想的，让我们来给他们个惊喜。"说完，他开始发动传球攻势。

四分卫退后一步，正要出手传球，对方的飞毛腿角卫一把抢到球，奋力向球门跑去，想要触地得分。那个四分卫原本不是因速度快而出名，可他在对方角卫身后穷追不舍，终于在距离球门区5码线处追上并摔倒了他，最终拯救了那场比赛。

赛后，对方教练走近布莱恩特说道："谁说你们的四分卫跑得不快的？他可追上了我们的快马呢！"

布莱恩特回答："你的队员是在为6分跑，我的队员可是为了保住老命啊。"

没有什么能够比身处逆境中更能激励人了。前奥运跳水冠军帕特·麦考密克（Pat McCormick）说："我认为失败是最大的激励因素之一。我在1948年的预赛里本可以做得更好，后来却以微弱差距落选。正是那次失败，让我把全部精力集中到训练和目标上。"麦考密克在1952年的赫尔辛基奥运会上赢得两块金牌，四年之后又在墨尔本奥运会上赢得两块金牌。

如果能从眼前的逆境中抽离自己，就能够看到积极的因素。这样的情况屡见不鲜，只要你愿意去找。别把自己经历的困难看得太严重。

假如丢掉了工作，不妨想想这是在锻炼你的毅力；假如大胆尝试并侥幸通过了，不妨重新审视一下自己，学会面对新的挑战；假如书店把你的订单弄错了，不妨将这看成一个学习新技能的机会；假如在事业上遭遇挫折，不妨将这看成锻炼心智的机会。比尔·沃恩（Bill Vaughan）说过：

"在人生的比赛中，早早输掉几场比赛也不错，这能让你从保持不败的压力中解脱出来。"在追求梦想的过程中总会遇到困难，能否实现梦想则取决于你如何看待困难。

还有什么能比这更糟呢？

克服困难并取得成功的一个最神奇的故事，是关于希伯来人约瑟的。你可能已经很熟悉这个故事了。约瑟出生在一个富足的中东畜牧家庭，在家中12个儿子中排行第11。他从小就和兄弟们不太一样，尽管不是家里最小的男孩，他却是父亲的最爱。他很多次告诉父亲哥哥们在放羊的时候消极怠工。他还告诉自己的哥哥，有一天他会成为这个家的主事人。有几个哥哥听到后想杀了他，大哥鲁本阻止了他们。但他们趁鲁本不在的时候，把约瑟贩卖为奴隶。

约瑟几经流落，来到了埃及法老的护卫长波提乏（Potiphar）家中。因为具有领导才能和管理能力，约瑟很快便得到了提拔，不久后便成了管家，从困境中转危为安。但不久后又发生了变故，波提乏的妻子爱上了约瑟，因求爱遭到拒绝，她便诬陷约瑟图谋不轨，让波提乏把约瑟送进大牢。

从奴隶到监狱

约瑟那个时候的处境非常艰难——被兄弟逐出家门，身在异国，被贩为奴，并且身陷牢狱之灾。但不久之后，他再次化险为夷，监狱长让约瑟管理所有犯人，监督他们的日常活动。

约瑟遇到一位曾在法老宫中做过酒政的囚犯，为他解梦，给予他帮助。在这位酒政向他表达谢意的时候，约瑟提出请求。

"等你安全出狱后，要记得帮我向法老求求情，请他放了我。我被迫离开希伯来，又因为莫须有之罪身陷地牢。"

不久后，酒政获法老恩典回到宫中。约瑟时刻期待着法老能够释放自己。但是等啊等啊，两年过去了，酒政才记起约瑟，因为那时候需要有人帮法老解梦。

最终的复仇

约瑟成功帮法老解梦。法老佩服这个希伯来人的智慧，让他掌管整个国家。得益于约瑟的领导才能、周全计划和粮食储备系统，当7年后饥荒蔓延整个中东地区时，成千上万的埃及人得以存活下来，其中也包括约瑟的家族成员。他的哥哥在饥荒后来到埃及——这时距离约瑟被卖掉已经过去20年，他们发现自己的弟弟约瑟不仅活着，甚至还统治着这个当时世界上最强大的国家。

很少有人会感谢13年的奴役和牢狱之灾。但我们知道的是，约瑟从未放弃希望和目标，更没有对兄弟怀恨在心。父亲去世的时候，他对兄弟们说："你们打算加害于我，但上帝把这一切变成好事，最终拯救了无数生命。"要学会看到困境中的积极因素。约瑟做到了，我们也能做到。

在困境中找到光明

要培养在困境中找到积极因素的能力，是需要耗费时间和精力的。你可以回忆最近一次经历过的重大挫折，列出能通过挫折得到或可能得到的益处，把它们写在下面：

重大挫折：

得到的益处：

1.

2.

3.

可能带来的益处：

1.

2.

3.

如果知道如何对过去的经历作一番检讨，下一步需要做的，就是当困难来临时以同样的心态面对。在接下来的一周，如果你

转败为胜的第十步   FAILING FORWARD

遇见困难、挫折或失败，请在一天结束之前，花一点时间仔细思考你能从中得到的益处。试着保持积极的心态，继续前进，这样就能够敞开双臂，拥抱失败带来的益处。

转败为胜的步骤：

1. 认清普通人和成功者之间存在重要差异
2. 学会重新定义失败
3. 让自己远离失败
4. 采取行动，直面恐惧
5. 接受失败，承担责任
6. 不要让失败吞噬你
7. 和昨天告别
8. 要想改变世界，先改变自己
9. 忘掉自己，奉献自己
10. 在困境中找到光明

转败为胜别无他法，唯有冒险

当一个人因自卑而迟疑的时候，另一个人却因不断犯错而日臻完美。

——亨利·林克

11

每个时代都会出现杰出的冒险家，他们冒着危险，开疆拓土，我们就喜欢这类人。这些先驱者和冒险家的大名，在历史上层出不穷：哥伦布、克罗克特、刘易斯·克拉克、林德伯格、阿姆斯特朗。驱使这些人不断开疆拓土的动力，就是风险本身。航空探险家查尔斯·林德伯格强调："没人愿意过毫无挑战的生活。虽然我不认同瞎冒险，但如果一点险都不冒的话，那肯定会一事无成。"

冒险很有意思，也非常具有主观性。可能有人不怕腿上绑着蹦极绳从高楼上跳下来，却害怕在区区 20 个人面前演讲。换个人则刚好相反，演讲一点都不吓人。比如，我能对着 8.2 万人演讲，但绝对不会去蹦极。

那么，如何判断一件事情是否值得冒险呢？是根据害怕的程度吗？人应该挑战一些自己害怕的事情。是根据成功的概率吗？也不是。决定冒险与否，不应该根据害怕的程度或者成功的概率，而应根据目标的价值来定。

> 决定冒险与否，不应该根据害怕的程度或
> 者成功的概率，而应根据目标的价值来定。

她是先驱者吗？

给你讲个故事，故事的主人公历尽千辛万苦，达成了自己的目标。在成长过程中，没有任何迹象表明米莉有一天会成为20世纪最伟大的冒险家。1897年，她出生于堪萨斯城，从小就有很强的求知欲，聪明伶俐，学业优秀，喜欢阅读和背诵诗歌，也喜欢体育运动，特别是篮球和网球。为了帮助被派到欧洲参加第一次世界大战的士兵，她决定学习护理。战争期间，她在加拿大做随军护士。战争结束后，她进入纽约哥伦比亚大学，攻读医学预科。1920年，在第一学年结束后，她决定回洛杉矶探望家人。在加利福尼亚长滩的多尔蒂菲尔德机场第一次坐飞机时，她一下子就被吸引了。"当我离开地面，我就知道自己离不开飞行了。"从此，她再也没有回医学院。

勇敢的冒险

米莉的新生活开始了。对了，我忘记说米莉是她在家里的小名。她的正式名字是阿米莉亚·埃尔哈特（Amelia Earhart）。此后她开始打零工，赚到了上飞行课程所需的1000美元学费，很快便成了另一位先驱飞行员阿

妮塔·斯努克（Anita Snook）的学生。

开飞机可不好学——至少对埃尔哈特来说。她摔下来的次数比别人多得多，但她没有放弃。几年后，她与丈夫分享了关于飞行的看法："我非常清楚其中的危险……我是因为想飞而选择飞行。女人应该像男人一样勇于尝试。如果失败了，就让她们的失败成为别人的挑战。"

1921年，埃尔哈特第一次完成了单独飞行。在接下来的一年里，她创造了很多属于自己的航空纪录（比如飞行高度）。除了对飞行的热爱，她还有一个目的，就是希望能够为其他人打开局面。她说："我的梦想，是为今后的商业飞行和女性飞行员奠定基础。"

在她的飞行生涯中，埃尔哈特创下多项纪录，并取得多项第一：

- 1928年：第一位乘飞机飞越大西洋的女性乘客
- 1929年：女飞行员俱乐部——"99俱乐部"第一任主席
- 1930年：在3000公里航道上，创下时速292.5公里的纪录
- 1931年：第一位驾驶旋翼飞机（早期直升机雏形）创下5624米的飞行高度纪录
- 1932年：第一位单独飞越大西洋的女性
- 1935年：第一位单独、中途不停留从加州奥克兰飞到夏威夷檀香山的人

再来一次大冒险

1935年，阿米莉亚·埃尔哈特已是一位经验丰富的世界级飞行员，为女性飞行和商业飞行做出了巨大贡献。她肯定很认同成功者的格言："如果一开始就成功了，那就再试试更难的事。"她决定开始一次更大的冒险——环游世界。这个纪录此前已经有男性飞行员完成了，但埃尔哈特计划绕着赤道飞行，以便创造最长飞行里程纪录：46671公里。

1935年3月，挑战开始了。她先从奥克兰飞到夏威夷，但当她从珍珠

港附近的卢克菲尔德机场起飞时，飞机的一个轮胎爆胎，造成了巨大的损失。尽管失败了——但她并没有放弃。飞机被运到加州维修，她又开始准备下一次挑战。

两年后，1937年6月，埃尔哈特重新开始自己的环球之旅，这次她选择朝东飞行。她说："我感觉到，我内心非常渴望再一次完美的飞行，等飞完这一次，我就不会再尝试长途飞行了。"截至6月底，她和领航员弗雷德里克·努南共计飞行35406公里。7月2日，他们满怀希望地从新几内亚起飞，离目的地只剩下11265公里的路程了。但最终他们失踪了，美国海军进行了彻底的搜寻，但完全找不到他们和飞机的踪影。

值得冒险

如果有人能够在最后几个小时和埃尔哈特说上话，我相信她一定不会后悔自己正在挑战的事。她曾说过："女人偶尔也应该尝试一下男人做的事，甚至男人没有做过的。女人要有独立的人格，要鼓励其他女性在思想和行动上寻求独立。正是因为这些，我才会去做自己想做的事情。"要完成任何有价值的目标，都必须冒险。阿米莉亚·埃尔哈特对此深信不疑，她对于冒险给出了简单直接的建议："看看目标是否值得冒险，如果值得，就不要犹豫。"

事实上，做每件事都是有风险的。如果想规避所有风险，那下面这些事都不能做：

不能乘汽车——20%的致死事故是由汽车造成的。

不能乘飞机、火车或船——16%的事故源于此。

不能在街上走——15%的事故来源于此。

更不能待在家——17%的事故在家中发生。

生活中，根本就没有百分百安全的地方或者毫无风险的活动。作家、演说家海伦·凯勒说过："安全感在大多数时候是一种迷信，实际上并不存在，没有人真正体验过安全感。长远来说，规避风险并不比直面它来得更安全。生活要么是一场勇敢的冒险，要么就是一片空白。"

FAILING >>>
ORWARD

我不相信人无法改变命运；但我相信，如果什么都不做，命运注定雷同。

——切斯特顿

生活中的任何事都伴随着风险。就算尝试勇敢面对问题，还是会有失败的风险，因为仍然存在失误的可能。但就算你一动不动站着什么都不干，也有失败的风险。G.K.切斯特顿（G.K.Chesterton）说过："我不相信人无法改变命运；但我相信，如果什么都不做，命运注定雷同。"冒险越少，失败的风险就越大。讽刺的是，越是愿意去冒失败的风险，并且真的失败过，成功的概率反而会变大。

说到冒险，世界上有两种人：一种人不敢尝试新事物，另一种人不愿错过新事物。

不敢去试的人	不愿错过的人
1. 拒绝机会	1. 寻找机会
2. 爱找借口	2. 承担责任
3. 预见不可能之事	3. 挑战不可能之事
4. 爱泼冷水	4. 热情高涨
5. 不断重复不足	5. 直面自身不足

6. 看到别人的失败就退缩	6. 找出别人失败的原因
7. 拒绝付出个人努力	7. 把付出当作生活方式
8. 以享乐为目标	8. 在目标中寻找乐趣
9. 庆幸自己没有失败过	9. 比起失败，更害怕一事无成
10. 还没完工就开始休息	10. 完工了才开始休息
11. 抗拒领导	11. 追随领导
12. 故步自封	12. 拥抱改变
13. 重复问题	13. 寻求解决方案
14. 改变承诺	14. 兑现承诺
15. 朝三暮四	15. 坚持到底

座右铭	**座右铭**
宁愿不付代价而成功，	**宁愿付出代价而失败，**
不愿付出代价而失败。	**不愿不付代价而成功。**

想增加成功的概率，就必须得冒点风险。

让人不敢冒险的陷阱

既然冒险能带来这么多潜在的好处，为什么人们不能像拥抱朋友一样拥抱风险呢？我觉得他们多半是掉进了下列几个陷阱里：

1. 尴尬陷阱

扪心自问，谁都不想丢脸。因为冒险而摔得灰头土脸，会觉得很难为情。但那又怎样？不要计较这些。唯一的办法就是前进——哪怕前面布满了绊脚石。不积跬步，无以至千里，绊倒一小步真的无所谓，不要遮遮掩掩的，坦然面对小小的挫败。

2. 合理化陷阱

陷入合理化陷阱里的人，喜欢放马后炮，开始行动时，他们会对自己说："这事可能没那么重要。"但事实上，任何事拖久了，都会变得不重要。就好像艾德的《拖延症第五法则》中说的："花大量时间去确定需求，到那时候需求就消失了。"

> FAILING >>>
> FORWARD
>
> **花大量时间去确定需求，到那时候需求就消失了。**
>
> ——艾德

西德尼·J.哈里斯（Sydney J. Harris）说过："做错事的遗憾，可以通过时间来抚平；但对未竟之事的遗憾，却是时间无法抚平的。冒险后失败，比因什么都不做而失败，会少一些遗憾。"

3. 不切实际的期待陷阱

不知何故，很多人都认为生活本就该一帆风顺，所以一旦发现成功是需要花功夫的，他们就会选择放弃。然而成功确实来之不易。

拉丁谚语说："没有风，那就得划桨。"如果打算冒险，就别期待顺风顺水，一开始就要做好划桨的心理准备。这样一来，当得到帮助，你就会觉得那是意外的惊喜。

FAILING >>> FORWARD

没有风，那就得划桨。

——拉丁谚语

4. 公平陷阱

心理学家斯科特·佩克（Scott Peck）在《少有人走的路》一书的开篇说："生活是艰难的。"他的意思是生活是不公平的。很多人不明白这个道理，他们不愿承认和接受，而是把精力花在寻求公平上。他们会对自己说："这事本就不该我来做。"

迪克·巴特勒（Dick Butler）说得更清楚："生活现在不公平，以后也不会公平。不要唉声叹气，怨天尤人，生活掌握在你自己手中。"不愿承担风险，不仅无济于事，还可能把事情变得更糟。态度决定选择。

5. 时机陷阱

知名幽默作家唐·马奎斯（Don Marquis）是众所周知的拖延症大王。熟知他这个习性的朋友问他是如何完成每天的工作的，马奎斯回答道："很简单，就当作是昨天的事情就好了。"

有些人总以为凡事都有完美的时机——其实不然。他们会选择等待。但是杰姆·斯托沃尔（Jim Stovall）建议："不要等路上全亮绿灯了才出门。"最佳时机永远都等不到，等待反而会让人疲倦。威廉·詹姆斯（William James）有个不错的建议："没有什么比让未完成的任务一直悬在那儿更累的了。"不要把时机当作拖延症的借口。

6. 灵感陷阱

有人曾说："不必等有所成就再开始，只有开始行动才能有所成就。"

很多人想着等灵感找上门，再采取行动，付诸实施，特别是那些有艺术天赋的人。但正如剧作家奥斯卡·王尔德所说："如何分辨职业作家和业余作家呢？差别就在于：业余作家等灵感来了才开始写作，职业作家才不管什么灵感呢。"比尔·格拉斯（Bill Glass）这么建议道："有灵感的时候，一定要在24小时内采取行动，否则就永远不会行动了。"

你冒了足够的风险吗？

审视一下你的生活方式，看看自己是否冒了足够的风险——不是愚蠢的冒险，而是深思熟虑后的冒险。假如不曾陷入以上提到的六种陷阱，那么你可能过于谨慎了。怎么看出来的呢？通过自己犯过的错误。

弗莱彻·L.拜罗姆（Fletcher L. Byrom）说过：

> 劝你犯一些错误吧。对有些人来说，错误是很自然的事。但是有太多主管非常害怕犯错，不停的检查和复查使公司僵化，遏制了创新。因为过于制度化，公司失去了突飞猛进的机会。所以请检视一下自己的日记，如果到了年底，还没有犯过任何错误，那我觉得，老兄，你肯定没有拼尽全力。

假如你做点什么都能成功，那你肯定对自己不够狠。换句话说，就是没有冒足够的风险。

另一种冒险

可能你很难把阿米莉亚·埃尔哈特这样的伟大冒险家与自己联系起来。这些人所处的生活环境与我们大不一样。如果是这样，那就需要了解一些与我们比较接近的人，以及他们在生活中的冒险。

比如约瑟夫·李斯特，1827年出生于英格兰，他的父亲是一位医生。在李斯特早年从事医生行业时，外科手术是一桩非常痛苦、可怕的事。

如果在19世纪中叶不幸受伤并接受手术的话，就可能遭遇下面的这些情况：先是被送到医院的手术中心，中心与医院总部分离，以免手术病人的尖叫声影响普通病人的心情（当时还没有发明麻醉术）。病人会被绑在一张像是餐桌的台子上，下面摆着一个装满沙子的大盆子，用来接手术中的血液。手术由一位外科医生或理发师之类的人操刀，旁边可能站着一大群观摩者和助手。这些人穿着出差看诊时常见的便服。医生从身边柜子的抽屉里取出刚使用过、尚未清洗的手术刀，如果手术中恰好需要空出自己的双手，医生可能会用牙齿去咬手术刀。手术的成功率略高于50%。如果不幸在军医院动手术的话，那么成功率会降到10%左右。对于那个时代的手术，一位现代的医生这么说："当时躺在手术台上的病人的死亡率，远高于英国士兵在滑铁卢战场上的死亡率。"

下决心做出改变

与同时代的其他外科医生一样，李斯特为病人的高死亡率感到难过，但他并不了解其中的原因，因此他决心找出拯救更多病人的方法。

李斯特的第一个重大突破来自他的好友、化学教授托马斯·安德森（Thomas Anderson）给他的一些文章，那些文章是科学家路易斯·巴斯德（Louis Pasteur）写的。这位法国科学家提出了自己的观点：坏疽不是因空气，而是由空气中的细菌和病毒引起的。李斯特听到这个后很惊讶。他推测，如果能够消除危险的微生物，病人就能有更多机会避免被致命的坏疽和败血症感染。

创新令他遭人唾弃

基于目前我们对病菌和感染的认知，李斯特的观点是一种常识，但在当时却显得非常激进，甚至连医学专业人士也这么认为。当在爱丁堡医院工作的李斯特向资深外科医生提出自己的观点时，他受到了冷嘲热讽。每天在巡视病房时，他都会遭到同事的羞辱和批评，被众人唾弃。

尽管不受同事欢迎，生性温和的李斯特仍然拒绝退让。他继续在家中开展研究，很长一段时间他和妻子都在由厨房改造而成的实验室里工作。他相信，找到能够杀死微生物的物质是关键所在。

李斯特最终找到了石炭酸，一种当时被用来清洁卡莱尔市政污水系统的物质。在完成初步研究后，李斯特试图证实自己的理论，但这要比被同事拒绝冒更大的风险——他必须在人命攸关的情况下，用石炭酸在病人身上做实验。

更大的冒险

李斯特决定等待，直到等到合适的、濒死的病人。1865年8月12日，他终于等到了。一个17岁的男孩在遭马车碾过后，被送进了医院，他的腿受伤严重，骨头已经露出了皮肤，伤情超过8个小时。通常情况下，这种病人无力回天。

李斯特用石炭酸清理伤口、手术器具和任何可能接触病人的东西。他用浸过石炭酸的纱布包扎伤口，然后进行观察，1天、2天、3天过去了，他非常高兴地发现，直到第4天，病人都没有发烧或产生败血症的症状。6周后，男孩可以下地走路了。

顶着巨大的批评声，李斯特在他的所有手术中都使用了石炭酸。1865—1866年间，他成功医治了11位复杂骨折的病人，无一人出现感染。

他一边继续采用这个新方法，一边继续改进，并找到了其他效果更好的防腐物质。

冒险的成就

1867年，李斯特出版了自己的研究报告，但医学界仍责难着他。他足足花了10年时间，分享自己的研究成果，并鼓励其他医生采用他的方法。终于，1881年，在成功治愈第一位病人16年后，同行们在伦敦举行的国际医学大会上认可了他的发现，并认为这是外科手术史上最伟大的突破。1883年，他被封为骑士；1897年，被封为男爵。今天，如果你和我一样经历过外科手术，那我们都得感谢约瑟夫·李斯特医生，他的冒险给我们带来了安全。

李斯特的冒险看上去可能没有像阿米莉亚·埃尔哈特那样光彩熠熠，但他不仅成就了自己，也带给别人长远的好处。他为了提高病人术后的存活率，尝试了更困难、更冒险的事，这才是关键所在。冒险是因为想要完成一些更高的目标，这就是转败为胜的另一面。

如果一开始就成功，再试试更难的事

冒险是通往成功的必经之路，而且你会惊讶地发现，它能解决两个问题。

首先，如果已经完成了自己定下的所有目标，那就必须冒更大的险。下一程肯定是上坡路，不可能悠然自得。

反之，如果发现自己处于毫无目标的阶段，那可能是由于你过于谨慎，解决办法还是冒险（有趣的是，这种情况的两极都必须通过冒险才能解决）。

考虑一下自己面前的目标，写下完成目标的计划，然后审视一下这些计划，看看是否有足够的风险。如果没有，找一下哪些地方可以挑战极限、冒更多风险，增加成功概率。

转败为胜的步骤：

1. 认清普通人和成功者之间存在重要差异

2. 学会重新定义失败

3. 让自己远离失败

4. 采取行动，直面恐惧

5. 接受失败，承担责任

6. 不要让失败吞噬你

7. 和昨天告别

转败为胜的第十一步　　FAILING FORWARD

8. 要想改变世界，先改变自己

9. 忘掉自己，奉献自己

10. 在困境中找到光明

11. 如果一开始就成功，再试试更难的事

把失败当挚友

12

伤痛是最好的教训。

——本杰明·富兰克林

把失败当挚友，这听上去有点奇怪。事实上，失败亦敌亦友——而你是从中做出选择的人。如果每次失败都唉声叹气，失败就会成为你的敌人。但如果决定从失败中学习并从中受益的话，失败就会成为你的朋友。如果不断把失败当作成功的跳板，失败就会成为你的挚友。

拥抱悲伤

如果一次意外让你失去了鼻子、半条右臂和左手五个手指，你会怎么样？我觉得肯定不会有什么好心情。而这事确实发生在贝克·韦瑟斯（Beck Weathers）博士身上。他把这些伤痛看成自己生命中的转折点——一切都随之改变。

"我想不想把手恢复原样？"他在哥伦比亚广播公司（CBS）晚间新闻的采访中说："当然想。但要问我想不想恢复成从前的自己？答案是否定的。"

是什么让一个人甘心去拥抱如此严重的残疾所带来的悲伤？答案可以在喜马拉雅山上找到。1996年，那场众所周知的夺去12个生命的大风雪发生时，贝克·韦瑟斯就在山上。

不平凡的山顶历险

韦瑟斯登顶喜马拉雅山时才49岁。当时，他已经具备10年的登山经验，这项运动占据了他的生活。他说：

> 登山占据了我和家人、妻子以及两个孩子相处的时间，我对此深感内疚。从事这项运动有时候会让人变得非常自私……我意识到自己只是希望通过攀登来定义自己，而不想处理生活中的其他事情。登山的目标永无止境，兴奋往往只能持续一天，然后就得开始筹备下一次行程。

韦瑟斯往往要投入大量时间准备下一次登山，在攀登喜马拉雅山之前，他已经征服了全球七大高峰中的六座。每一次攀登前，他都需要进行专门的训练。

为了攀登喜马拉雅山，韦瑟斯雇佣了由新西兰人罗布·霍尔（Rob Hall）带领的探险队。尽管条件恶劣，极度寒冷，空气中含氧量只有平地的三分之一，在队伍抵达高营地（7924.8米）之前，韦瑟斯都没什么问题。但在5月10日冲击顶峰那天，韦瑟斯意识到自己遇到麻烦了。几年前，他曾经做过近视激光手术。登顶过程中，高海拔导致他的眼睛晶状体变平，出现暂时性失明。

坐以待毙

当时，对韦瑟斯来说，最明智的办法是在原地等待，等队伍登顶返回后再与他会合。然而，韦瑟斯的计划很快就被噩梦般的天气淹没。暴风雪席卷而来，气温降到约零下50摄氏度，风速增强到每小时113公里。每个人都在暴风雪中挣扎求生，韦瑟斯被遗忘在了山上。几小时后，他因为体温过低而陷入昏迷。

攀登队员花了好几个小时寻找韦瑟斯，直到5月11日早上才找到。他全身被冰雪覆盖，几乎没有了呼吸。他们知道他不行了，便把他留在原处，回到营地打电话给他妻子，告知了他的死讯。

从来没有人能够从体温过低的昏迷中活过来——贝克·韦瑟斯除外。他不知是怎么苏醒过来的，找到山路后挣扎着走回了营地。他的夹克敞开着，脸因为冻伤而发黑，令人难以辨认，暴露在外的右臂像大理石一样，直愣愣地冻在他的身前。

复 活！

虽然奇迹般地回到营地，仍然没有人相信韦瑟斯能活下来。但他顺利渡过了难关。回到家乡达拉斯后，他接受了10次手术，医生截断了他左手的五根手指和右手臂手肘以下部分，并从身体其他部位取下一些组织，为他重塑了鼻子。

经历了这一切，韦瑟斯的内心起了很大的变化。他相信自己失去的肢体换来了更重要的东西——关于自己、价值观和生活的教训。他承认：

> 经历过这一切，我成了更加快乐的人。我现在对生活的优先顺序不一样了。没有经过考验，你永远无法真正了解自己。从一

败涂地中所学到的教训，远远比成功能带给你的多得多。

贝克·韦瑟斯的态度反映的，不仅仅是大难不死后的感恩，更是一种对生活的感悟。他把困难当作挚友，从而转败为胜。

学习是一种思维模式

我们很幸运，不会被遗忘在世界最高峰上等死，在自己安全的家中就能够学会如何与失败相处。

对待失败的态度，决定了失败后再出发的高度。有些人没法理解这一点。比如，《印第安纳波利斯新闻报》创始人、主编约翰·H.霍拉迪有一天冲出办公室，要找出是谁把"height"错写成了"hight"。当工人核对了原版后发现正是霍拉迪本人犯了这个错误，他的回答是："嗯，如果是我，那这个词肯定是对的。"

F AILING >>>
 ORWARD

对待失败的态度，决定了失败后再出发的高度。

这份报纸按照他的拼法将错就错了30年。路易斯·阿姆斯特朗讽刺说："有些人自己没认识到错误，还不能接受旁人告诉他。"

学习是一种态度和思维模式，"不管我（或者我自认为）知道多少，我都能有所收获"。

只有这样，才能把逆境转化为顺境，即使在最困难的情况下，也能让你最终成为赢家。西德尼·哈里斯（Sydney Harris）将学习思维模式的要素总结如下："尽管被其他人看成是专家，成功者仍然知道自己还有许多地方有待学习。而失败者却不知天高地厚，希望别人把自己当成专家。"

尽管被其他人看成是专家，成功者仍然知道自己还有许多地方有待学习。而失败者却不知天高地厚，希望别人把自己当成专家。

——西德尼·哈里斯

商业作家杰姆·扎布洛斯基（Jim Zabloski）写道：

我的观点与众不同，失败是商业的必要因素。假如一天里没有失败个五次，那估计你做得还不够多。

做得越多，失败越多；失败越多，学会越多；学会越多，得到越多。关键就在于学习。如果三番五次犯同样的错误，那就说明还没有吸取教训，必须从自己和别人所犯的错误中学习。

从错误中学习的能力不只在经商时有用，在生活的各个方面也是如此。如果能够做到活到老、学到老，那就是真正学会了生活。

如何从失败和错误中学习

威廉·博莱索（William Bolitho）这样区分智者和傻瓜："生活中最重要的不是把收获变成资本，这种事任何傻瓜都会做。真正重要的是从损失中获利。这需要智慧，也是智者和笨蛋的区别。"

任何人只要保持着学习的态度，从失败中学习，都能够与失败相处。而想要转败为胜，则需要在面对逆境时想到下列问题：

1. 失败的原因是什么：是所处的环境，是别人，还是自己？

只有竭尽所能找出问题所在，才能知道下一步该做什么，并以此为出发点。假如能够像我在第三章中建议的那样，不要把失败看得太严重，就比较容易整理出头绪。

什么时候开始出错的？是否处于毫无胜算的情况？是别人造成的问题吗？还是你自己做错了什么？当贝克·韦瑟斯回顾喜马拉雅山的遭遇时，他的结论是自己犯了错误，并最终导致失败。他说："爬到这么高的地方，人的愚蠢程度也随之增加了。"

学习的第一步是看清问题的起因。

2. 究竟是失败，还是没有达成目标？

必须确定发生的事情是不是真正的失败。有时候你认为的错误，可能只是为了满足不切实际的理想的尝试，把这些错误归咎于自己和他人都无妨。如果因为目标不切实际而导致无法达成，那就不叫失败。

为了更好地理解这一点，我引用一个里根总统在卸任之前讲过的故事，是关于大仲马的《三个火枪手》。

有一次，这位小说家与朋友争得面红耳赤，其中一人向另一位发起决斗。大仲马和他的朋友都是神枪手，所以他们很担心如果真的决斗，结果会是两败俱伤。他们决定用抽签的方式，抽到的人必须开枪自杀。结果大仲马抽到了。

一声长叹后，他拿起手枪走进图书室，然后关上门，把一帮着急的朋友关在门外。过了一会，一声枪响从图书室中传出。朋友们鱼贯冲入房间，只见大仲马站在那里，手枪还在冒烟。

他说："刚发生了神奇的事情，我开枪打偏了。"

当你审视自己的问题时，应该试着和大仲马一样——不要因为不切实际的目标而丢了性命。

3. 失败是成功之母吗?

古话说得好："玉不琢，不成器。"不经淬炼，难成完人。不管经历过怎样的失败，一定会存在成功的可能。尽管有时候很难，但是只要愿意找，就肯定能找到。

我的朋友沃伦·威尔斯比（Warren Wiersbe）说过："理想主义者经历大火淬炼得到净化，成为现实主义者；理想主义者经历大火磨难被伤害，成为生性多疑者。"别让逆境的大火把你变得前怕狼后怕虎，让它净化自己吧。

FAILING >>>
ORWARD

理想主义者经历大火淬炼得到净化，成为现实主义者；理想主义者经历大火磨难被伤害，成为生性多疑者。

——沃伦·威尔斯比

4. 我能从失败中学到什么?

我很喜欢看查尔斯·舒尔茨（Charles Schulz）的连环漫画《花生》。我最喜欢的一幕，是查理·布朗在沙滩上用沙子堆了个漂亮的城堡。当他站在那儿欣赏自己的大作时，忽然一阵大浪袭来。看着自己的杰作变成了小沙丘，他说："虽然我不知道发生了什么，但这肯定是个教训。"

这是很多人面对逆境的态度。他们被困得团团转，张皇失措，失去了学习的机会。但人总有办法能够从失败和错误中学习，诗人拜伦曾经说过："逆境是通往真理的第一步。"

> 逆境是通往真理的第一步。
>
> ——拜伦

餐饮大鳄沃尔夫冈·帕克（Wolfgang Puck）说："我从一家经营不善的餐馆学到的东西远超过那些经营成功的餐馆。"他事业有成，在加州拥有5家名声响亮的餐馆，在芝加哥、拉斯维加斯和东京也开了餐馆。

要教人如何从错误中学习很难，因为每个人的情况都不尽相同。但如果能够在此过程中保持学习的态度，学习不同的处理方式，就能够得到提升。如果认识正确，任何障碍都能促进人更清醒地认识自己。

5. 失败的经历值得我感激吗?

学会学习的一个方法是培养感恩之心，在巨大的挫折面前，这个办法也是奏效的。

比如美国短跑名将艾迪·哈特（Eddie Hart），因为在1972年慕尼黑奥运会百米短跑比赛时错过了预赛而错过了赢得个人金牌的机会。但他看待事物的方式非常积极，他说："我们所追求的事，不见得每件都能够成功，这或许是我错过比赛后学到的最重要一课。生活很多时候都不尽如人意，比如无法升职或者无法得到自己梦寐以求的工作。得学会与失败相处，体育竞技非赢即输，真正成为冠军之前，必须先学会输得起。"

哈特学会了正确看待失败，并作为成员获得了接力比赛金牌。如果你想远离失败，就试着培养这种感恩之心吧。

6. 如何转败为胜?

作家威廉·马斯顿（William Marston）写道："如果只有一个因素能够促成成功，那肯定是从失败中获益的能力。我所知道的任何一个成功，都是因为当事者能够分析失败，并在下次尝试中获益。"

找出错误非常重要，如果能够更进一步，从错误中学习改进，那更是转败为胜的关键。有时候，这能帮助你避免重蹈覆辙。有时候甚至会有额外的发现，比如：爱迪生的留声机，或是舍恩拜因的无烟炸药。只要愿意尝试，就能从任何灾难性的失败中找到有价值的东西。

F_AILING >>>
O_RWARD

如果只有一个因素能够促成成功，那肯定是从失败中获益的能力。

——威廉·马斯顿

---

7. 谁能在这个问题上帮我?

人们常说学习有两种途径：一是经验，从自己犯的错误中获得；二是智慧，从别人的错误中获得。我建议你们尽可能多地从别人的错误中学习。

如果有好参谋从旁协助，那么从自己的错误中学习会容易得多。每次闯祸之后，我都会向很多人求教，比如我的父亲、杰克·海伍德、埃尔默·汤斯以及我的妻子玛格丽特——她很愿意分享自己的观点。

向正确的人寻求帮助非常重要。我听过一个故事，讲的是一个新任命的公务员刚刚走马上任，刚在座位上坐定，他就发现了前任留下的三个信封，上面写着只有在遇到困难的时候才能打开。

不久后，公务员与媒体发生了一些矛盾，于是他决定打开第一个信封。信里面写着："归罪到前任头上。"他照做了。

过了一段风平浪静的日子后，他再次碰到了麻烦，于是打开了第二个信封。上面写着："整顿改组。"他又照做了。

日子再次恢复平静。但因为他实质上没有解决任何问题，最后问题越来越大了。他万般无奈地打开了最后一个信封。

信中写着："准备好三个信封吧。"

这个故事告诉我们，一定要向成功处理过失败的人求教。

8. 我应该往哪儿去？

深思熟虑之后，你现在可以决定下一步怎么做了。唐·舒拉（Don Shula）和肯·布兰查德（Ken Blanchard）在《人人都是教练》一书中写道："学习可以定义为行为的变化。只有采取行动，才能真正学到经验。"

> FAILING >>> FORWARD
>
> 学习可以定义为行为的变化。只有采取行动，才能真正学到经验。
>
> ——唐·舒拉和肯·布兰查德

攀登自己的山峰

学会了从困境中学习，并将其转换为正面经验，那你的生活就有了一个重大的转变。下面是多年来我得到的一些关于"改变"这个主题的有用观点：

> 人之所以改变，是因为……
>
> 受伤太重，不得不改变
>
> 学习够多，希望改变
>
> 得到够多，有能力做出改变

1998年12月18日这一天，我又加深了对"改变"的认识。在公司的圣诞聚会上，我忽然感到胸口剧痛，之后就倒地不起。我得了严重的心脏病。（题外话：自己得了心脏病那肯定很严重，别人得了心脏病肯定就没事！）老实说，当时我认为自己甚至可能熬不过那一晚。我的医生后来告诉我，如果这个病发生在四年前，那我早就没命了。因为治愈我的心脏病的外科技术是近年来才有的。

我的收获

心脏病是一次痛苦的体验，但我感到上天在此过程中待我不薄。好几位优秀的医生聚集在我的边上，不但拯救了我的命，还治愈了心脏的永久性损伤。我从中学到了很多，比如：

- 向生命中最重要的人倾诉你的爱，永远别嫌多。
- 相信自己还没有做完在世上的工作，上天也因此放了我一马，让我有时间来完成。
- 为了健康，我必须改变自己的生活习惯，这也是为了生活质量和未来着想。

我的心脏医生马绍尔告诉我，早期心脏病发的人，能够从中吸取教训，他们反而比那些从来没有犯过病的人活得更久、更健康。我决定从中学习，改变自己的饮食。

　　我每天锻炼，努力让自己的生活更加平衡。马克·吐温说得好："保持健康唯一的方法就是吃自己不想吃的，喝自己不想喝的，以及做自己不想做的事。"

　　要真正做到很难，但必须坚持不懈。在我写这本书的时候，距离那次心脏病发有一年多了，其间我从没有放松过饮食和锻炼，以后也不能再重蹈覆辙，我把杰姆·罗恩（Jim Rohn）的话铭记在心："学习不仅限于知识的获取，还在于把知识付诸行动。"我相信，现在采取的行动，能够帮助我享受与妻子、孩子和未来的孙子的天伦之乐，并让我有几十年的时间完成未尽的工作。

F AILING >>>
ORWARD

　　　学习不仅限于知识的获取，还在于把知识
付诸行动。

　　　　　　　　　　　　　　　　——杰姆·罗恩

　　不要等心脏病发作，或者被暴风雪困在喜马拉雅山的时候，才学会把失败当挚友。你需要的是保持一颗学习的心，并在遇到失败的时候，如饥似渴地学习。

从困境中学习，把坏事变好事

用下列问题，来分析你最近一次的失败：

1. 造成失败的原因是什么：是因为所处的环境，还是别人或是自己？

2. 究竟是失败，还是没有达到目标？

3. 失败是成功之母吗？

4. 我能从失败中学到什么？

5. 失败的经历值得我感激吗？

6. 如何转败为胜？

7. 谁能在这个问题上帮我？

8. 我应该往哪儿去？

花点时间写下自己的结论，包括你从分析中学到了什么、转败为胜需要采取哪些行动。把自己的观察所得与经常给你建议的人分享，看看你的结论是不是在关键点上。

转败为胜的步骤：

1. 认清普通人和成功者之间存在重要差异

2. 学会重新定义失败

3. 让自己远离失败

4. 采取行动，直面恐惧

转败为胜的第十二步　　　　FAILING FORWARD

5. 接受失败，承担责任

6. 不要让失败吞噬你

7. 和昨天告别

8. 要想改变世界，先改变自己

9. 忘掉自己，奉献自己

10. 在困境中找到光明

11. 如果一开始就成功，再试试更难的事

12. 从困境中学习，把坏事变好事

増加成功的筹码

FAILING >>> FORWARD

避免失败的十大诱因

王啊救救我吧，让我远离从不犯错的人，也
远离重蹈覆辙的人。

——威廉·梅奥博士

13

我不相信运气，因为事情是否顺利，主要取决于人的行动。大多数时候，是勤勉、自律、坚持不懈以及日复一日的成长，造就了运气。如果再碰到上天的眷顾，运气根本就是不请自来。然而，几年前我在《洛杉矶时报》上看到一篇报道，改变了对运气的看法。那篇报道是这样写的：

> 纽约市新闻——遭遇了打击、抛弃、车祸和抢劫等厄运，劳伦斯·汉拉蒂可算是整个纽约市最不走运的人。
>
> 汉拉蒂在1984年的建筑工地事故中差点被电死，昏迷长达数周，为他辩护的律师们又离他而去——其中一位被取消资格，两位去世，另一位和他的妻子跑了。
>
> 在患了多年的心脏和肝脏疾病后，汉拉蒂去年又出了车祸，车辆被毁。警察离开事故现场后，他又遭遇了抢劫。

"我对自己说：'生活究竟要如何考验我？'"汉拉蒂向《纽约每日新闻》倾诉自己十几年来的痛苦，这也成为该报的头条新闻："觉得自己很惨么？来认识一下倒霉鬼劳伦斯吧。"

汉拉蒂现年38岁，住在纽约弗农山，生活的磨难似乎还不够，保险公司要停付他的工作赔偿金，房东也威胁要把他从公寓扫地出门。

汉拉蒂患有广场恐惧症，每天靠一小罐氧气和42颗药丸来对付心脏病和肝病，在邻居和一位纽约州议员的帮助下，他仍然坚持着没有放弃。

"总会有希望的。"他说道。

看了这段故事，我猜你大概也想会会这位可怜的劳伦斯先生，看能不能帮上一点忙。

劳伦斯·汉拉蒂的经历，并不足以代表大部分屡战屡败或不断经历逆境的人。为什么呢？因为我们所遇到的困难，多半是由于自己的消极行动造成的，应该归咎于自己。

人们自断后路的十大行为

很多人对自身的了解，都存在盲点。尽管这种盲点有时只是看不到自己的优点，但大多数时候是看不到自己的弱点，这才是问题的关键。如果你不知道自己遇到的问题是什么，那就根本没法解决它。

在接下来的内容中，我将介绍我所观察到的导致失败的十大原因。请边读边思考，看看自己是否存在以下这些弱点。留意生活中重复出现的问题，你也许能发现自己的"阿喀琉斯之踵"。顺便说一句，《荷马史诗》中的阿喀琉斯是战无不胜的战神——除了脚后跟有个微小的弱点之外。但正是这个弱点导致了他的失败，所以不要小看弱点可能带来的伤害。

1. 与人交往的技巧不佳

目前为止，我所观察到的人们失败的最大原因，就是不了解别人。不久前的《华尔街时报》上刊登了一篇文章，讲述高层管理者失败的原因。其中，无法与他人有效沟通高居榜首。

几天前我与人谈话，对方向我抱怨竞标的商业合同落空了。其中一个人说道："这不公平，他们彼此之间都认识，我们一点机会都没有，全都是套路。"接下来我们要谈的不是套路，是人际关系。

作家卡罗尔·海厄特（Carole Hyatt）和琳达·戈特利布（Linda Gottlieb）指出，工作没做好的人，常常把失败归咎于"办公室政治"，但事实上，这些被他们称为"政治"的东西，常常只是人与人之间的正常交往。海厄特和戈特利布说道：

> 大多数工作都与人有关。也许你有很高的学术水平，但却缺乏社交智慧——倾听，体贴，以及欣然接受和给予批评的能力。
>
> 如果别人不喜欢你，他们可能会"帮助"你失败……换句话说，社交智慧能帮助你避免犯严重的错误……你犯了错误，但老板认为你处理问题很成熟，很有责任心，那么你的事业仍然能够更上一层楼。

你在与人合作时表现怎么样？是坦诚相待，还是虚伪相对？你是一个好的倾听者，还是自己说个不停？你是不是希望别人都来顺着你的愿望，按照你的时间表和行程行事，还是你会努力配合别人的需求呢？

如果你还没有学会如何与人相处，要想成功就有一场硬仗要打。与人交往的技巧，比任何其他技能都更能帮助你成功，因为人往往愿意和自己喜欢的人合作。或许正如西奥多·罗斯福总统所说："成功方程式里最重要的，就是学会如何与人相处。"

FAILING >>>
ORWARD

> 成功方程式里最重要的，就是学会如何与人相处。
>
> ——西奥多·罗斯福

2. 消极的心态

我曾经看过一个动画，讲的是一个男人看手相的故事。算命师看了看男人的手掌说："你30岁之前的生活都很黯淡，穷困潦倒。"

"哇，那我30岁那年会怎么样？"他满怀希望地问。

算命师回答："过了30岁，你就习惯了。"

对周遭生活环境的反应，与快乐和成功休戚相关。克莱蒙特·斯通讲过一个故事，在第二次世界大战期间，一个年轻的新娘与丈夫到加州沙漠生活。因为从小在东部长大，沙漠在她看来非常荒凉、偏僻，住的地方也不尽如人意，唯一能够找到的住宿是靠近原住民村庄的一间木屋，那里的人根本不会说英语。她多半时间都是一人独处，每天都在闷热中度过。

丈夫离家久一点的时候，她会写信给自己的母亲，希望回娘家。几天后，她收到回信：

> 两个人从监狱的铁窗看出去，一个人看到烂泥，另一人看到满天星光。

这番话让新娘重新看清了生活的方向，也许她无法改变周围的环境，但可以改变自己。她开始与原住民交往，向他们学习编织和陶艺，并到沙漠探险，发现大自然的美。转瞬之间，她仿佛看到了新世界——而唯一发生变化的是她的态度。

如果周围的环境让你失望，那么或许是时候做出改变了——不是改变环境，而是改变你的态度。如果能最大限度地利用环境，就能够清除通往梦想道路上的最大障碍。

3. 错误的搭配

对现状不满时，我们首先应该审视自己的态度，但有时改变一下环境也是很有必要的。能力、兴趣、性格以及价值观不契合，都会导致失败。

电影制片人戴维·布朗就是一个很好的例子。他一开始在美国公司工作，但接连三次被不同的公司解雇，这使他意识到公司生活并不适合自己。他曾经在好莱坞渐入佳境，爬到了20世纪福克斯公司二把手的位子，结果因为推荐的一部电影票房惨遭滑铁卢，被公司解雇。后来，他成了新美国图书出版公司（New American Library）的副总编辑，又因为和同事发生冲突而丢掉了饭碗。不久之后他再次加盟20世纪福克斯，六年后又与总裁理查德·扎纳克一道被解雇。

布朗反省了自己在工作中的行为，发现直率、喜欢冒险的风格与他待过的公司不太合适。他是一位企业家，不适合被束缚的工作。作为一个失败的公司高管，他决定和前任老板扎纳克一起追寻自己的理想，他们一起制作了很多脍炙人口的电影，包括票房轰动一时的电影《大白鲨》。

生活中没有什么比待在不适合自己的岗位或公司更能令人产生挫败感的了，就好比穿大两码或是小两码的鞋子。比如你身处出纳岗位，而其实心系销售？或者你是个高级主管，而其实更愿意回家带小孩？或者你是一位工程师，而其实更愿意到教会当一个牧师？或者你是一个创业家，却效力于一家经营理念开倒车的公司？对比一下自己和所处的环境，如果两者无法统一的话，试着做出改变吧。

4. 缺乏专注力

人缺乏专注力的时候，就会坏事。让我来给你讲个故事。一天，一个商人到一家小镇花店订花，庆贺朋友新店开张。当时店主特别忙碌，匆忙中接下了这个订单。

当天晚些时候，商人抵达朋友的店里，看到署有自己名字的大花圈，上书："致以沉痛哀悼。"

商人大发雷霆，打电话到花店抱怨道："到底是怎么回事？你知道我被你弄得多狼狈吗？"

"非常抱歉，"店主回答，"你来的时候我有点忙，殡仪馆那边的情况比你更糟，那边的卡上写着：'恭贺乔迁新址。'"

任何人在非常忙碌的时候都有可能犯错，但是，不专注的人犯错不是因为忙碌，而是因为不懂得事情的优先级，这样不但浪费时间，还浪费资源。如果只是机械地完成任务，注意力不集中，那么不管付出多大努力，都很难获得成功，这时就得审视一下自己的专注力。缺乏专注力，任何人都没法进步。

5. 缺乏责任感

大家曾经都觉得冷冰冰的样子很酷，现在努力和责任感渐渐开始受人欢迎。这是个好现象，因为缺乏责任感，会导致人一事无成。歌德曾这样评价责任感的重要性："除非一个人下定决心，否则就会拖延和退缩，而且总是效率低下……一个人一旦下定决心……机会就会排山倒海而来，意想不到的事情和实实在在的帮助，都会随之而来。"

你上一次失败的时候，究竟是因为失败而不再尝试，还是因为放弃尝试而失败？你负起责任了吗？竭尽全力了吗？有没有更进一步？有没有竭尽所能，全力以赴？

一旦下定决心，多花点时间，成功就不会像看上去那样那么遥不可及。责任感能使人转败为胜，不达目的誓不罢休。

6. 不愿改变

成功和个人成长的最大的敌人，就是不愿改变。有的人非常迷恋过去，以至于无法处理当下的问题。

不久前，有位朋友发给我关于"处理死马的十种方法"，我觉得很好玩。

（1）买一条更粗的鞭子

（2）换个骑手

（3）成立马匹研究委员会研究马

（4）组建团队研究如何让马复活

（5）发布公告，宣称马还没有死

（6）重金聘请咨询师，找出问题的核心

（7）把死马捆在一起，增加速度和效率

（8）重新定义"活马"的标准

（9）宣布死马比活马更好、更快、更便宜

（10）为死马加官晋爵

在你工作的地方，上面这些"方法"一定不陌生。处理这个问题只有一个有效的方法：既然马已经死了，请你行行好，下马吧。

《卡尔文和霍布斯》（*Calvin and Hobbes*）书中有一幅漫画，描绘了大多数人面对改变时的看法。卡尔文和他的老虎玩偶坐在一辆儿童四轮车上滑下山坡，卡尔文对霍布斯大喊道："改变使我成长。"

霍布斯非常惊讶："算了吧，今天早上，就因为面包上少放了果酱，你还对你妈大发雷霆呢。"

卡尔文看着霍布斯，辩解道："我是说别人改变也能使我成长。"

你不必为了成功而改变，但是必须学会接受改变。改变是个人成长的催化剂，它能帮助你跳脱旧路，给自己一个全新的开始，并获得重新定位的机会。拒绝改变就意味着拒绝成功，要学会变通，学会与失败相处。

7. 捷径思维

成功当前，有些人喜欢走捷径、投机取巧，但走捷径都是要付出代价的。就像拿破仑说的，胜利属于坚持不懈的人。

大多数人都低估了取得成功需要花费的时间，要想取得成功，必须得付出代价。詹姆斯·瓦特花了 20 多年来完善蒸汽机。威廉·哈维夜以继日八年，就为了证明血液如何在人体内循环，又花了 25 年才得到医学界的认可。

走捷径是缺乏耐心和自律的表现，只有坚持到底，才能取得突破。这就是为什么阿尔伯特·格雷（Albert Gray）说："成功的秘诀，就是做失败者不喜欢做的事情并使之成为习惯。"

F<small>AILING</small> >>> F<small>ORWARD</small>

> **成功的秘诀，就是做失败者不喜欢做的事情并使之成为习惯。**
>
> ——阿尔伯特·格雷

如果你常常被情绪左右，那最好改变一下自己的处事方法。最好的办法是给自己设定责任的标准，尝尝无法坚持到底的后果，这样有助于你脚踏实地。确立新的标准，按照标准而不是心情来做事，能帮助你朝着正确的方向前进。

自律必须通过行动获得，心理学家约瑟夫·曼库西（Joseph Mancusi）说："成功者从不率性而为，真正的成功是不管心理上害怕或厌恶，行动上始终坚定不移。"

8. 只靠天赋

天赋往往会被高估。天赋并非一无是处，但仅靠天赋并不足以克服生活中的重重险阻。有了天赋，再加上后天努力，就好比在火上浇油，能愈烧愈旺！

伟大的艺术家都明白这个道理，但有些门外汉仍然误以为自己的成就是天赋带来的。戴维·贝尔斯（David Bayles）和泰德·奥兰德（Ted Orland）说：

> 即便是最理想的情况，天赋也只能一成不变，仅仅依靠这个而不努力的人，往往高开低走，许多天才的例子恰恰证实了这一点。报纸很喜欢写5岁音乐神童举办独奏会的新闻，但很少看到他们成为莫扎特的后续报道。不论莫扎特的起点有多高，他也得在工作上下功夫，不断改进。从这方面来说，他和常人无异。

一个人的天赋越高，越有可能过度依赖天赋而不愿付出努力。如果你有这种消极怠工的倾向，建议你注重自身的成长，最大限度地利用天赋。

9. 信息量不足

成功的主管往往能根据有限的信息来做出重大决定，他们同样能够搜集可靠的信息，以供决策使用。道格拉斯·麦克阿瑟将军深谙此道，他说过："搜集到的情报中，只有5%是准确的。一个优秀的指挥官，就得从中选出那5%。"

随着生活和工作的节奏越来越快，收集和评估信息的难度也随之增加。比尔·盖茨的畅销书《未来时速——数字系统与商务新思维》就很好地说明了这个问题。

劳斯莱斯汽车的收购，就是一个因信息不足而导致决策错误的案例。大众和宝马竞争，希望从英国威克斯集团收购劳斯莱斯品牌。最终大众赢得胜利，并支付了7.8亿美元购买这一豪华汽车品牌。但收购结束后，大众才惊讶地发现，尽管成功完成了收购，但大众公司并无权使用"劳斯莱斯"这个享誉全球的豪华汽车品牌，因为该品牌归属于另外一家公司——劳斯莱斯航空。更糟的是，劳斯莱斯航空与宝马公司关系密切。最后是谁有权使用这个名字呢？宝马——不是大众，这一切都是因为信息不足导致的。

10. 缺乏目标

最后一个导致失败的主要因素是缺乏目标。唐·马奎斯（Don Marquis）认为："当今社会，人们虽然不知道自己的目标是什么，却愿意不择手段地去实现。"

乔·L.格里菲斯（Joe L.Griffith）认为："目标不过是有时效的梦想而已。"很多人没有目标，因为他们不允许自己做梦，他们根本没有欲望。如果你是这样的人，那就好好审视一下自己，看看你来到这个世上是为了什么。只有这样，才知道自己追求的目标。（下章将详细展开）

FAILING >>>
FORWARD

当今社会，人们虽然不知道自己的目标是什么，却愿意不择手段地去实现。

——唐·马奎斯

发现了自己的弱点，就得想办法改进。这会改变你的人生。我在许多

渴望成功的人身上，都看到了这样的事，其中一个故事是这样的。

先看目标，再看人

我在音久集团最倚重的人是丹·雷兰德。我们共事 17 年，其中 10 多年丹担任天际教堂的执行牧师，是我的得力助手。没有他，我不可能取得成功。当我辞去牧师的工作，全职经营音久集团时，便叫上了他。现在，他是音久集团负责领导力开发和教会发展的副总裁。

说丹是天生的目标驱动者，还算比较保守。他做事井井有条，不达目的誓不罢休。刚认识他的时候，他是那种手提箱掉在地上，我们都能看到里面的文件是按照英文字母排序的人。但和许多人一样，丹的优点同时也是他的弱点，因为过于专注目标，他不是很懂得与人相处。

与工作擦身而过

刚开始的时候，丹还只是实习生。记得他刚工作后不久，我站在办公室走廊里和一群人聊天，而丹从停车场提着收拾得整整齐齐的公文包走进来。经过我们的时候，他根本没有打招呼，径直穿过走廊，走进自己的办公室。

我找了个借口，跟了上去。丹把公文包放在桌子下，转过身看到我站在那儿，觉得很惊讶。

"丹，"我说，"你干吗呢？你怎么路过也不和我们打个招呼啊。"

"我有很多工作要干。"丹边回答边抽出一大堆文件。

"丹，"我看着他的眼睛说道，"你刚刚就与工作擦肩而过。"我希望他明白，要成为一个领导者，首先得学会做人。

做出改变

接下来的一年，丹和我紧密合作，我在人际关系方面给他一些指导。丹特别努力，不断精进自己，工作渐入佳境。现在的他处事圆滑，你或许会以为他与人打交道的能力是与生俱来的。他现在是全美国最好的牧师领袖之一，如果我手头有棘手的任务，需要由待人接物特别周到的人来完成，丹肯定是最佳人选。通过成长和转变，丹把自己的弱点变成了强项。

如果你下定决心克服失败并希望不断成功，就得学习丹怎么做的。在弱点上下功夫，一定会取得很大的成就。

转败为胜的第十三步 FAILING FORWARD

在弱点上下功夫

每个人都有弱点。回顾失败的十大原因，看看自己有没有需要下功夫的地方（或许你的问题并未被列入其中）。

和信得过的朋友谈谈，让他帮助你评估自己的弱点，然后制定成长期计划，把自己的弱点变成优点。这项计划可以是看书、听课、参加研讨会，或是找一位导师。一定要把计划付诸实施，并坚持一年。

等过了一年，再去找那位曾经帮助过你的朋友，评估一下进展。如果仍需改进的话，那就继续第二阶段的成长计划，直到目标达成。

转败为胜的步骤：

1. 认清普通人和成功者之间存在重要差异
2. 学会重新定义失败
3. 让自己远离失败
4. 采取行动，直面恐惧
5. 接受失败，承担责任
6. 不要让失败吞噬你
7. 和昨天告别
8. 要想改变世界，先改变自己

转败为胜的第十三步　　　　　FAILING FORWARD

9. 忘掉自己，奉献自己

10. 在困境中找到光明

11. 如果一开始就成功，再试试更难的事

12. 从困境中学习，把坏事变好事

13. 在弱点上下功夫

失败和成功，差之毫厘

如果不尝试，就不会失败。除了自己，没有人能打败你；保持意志坚定，就没有过不了的难关。

——肯·哈伯德

14

大多数失败的人都相信，自己与成功之间存在着巨大的鸿沟。他们打心底里怀疑，自己能否穿越那条鸿沟，抵达梦想的彼岸。让我告诉你一个小秘密：失败和成功，差之毫厘。是什么造成了这种差距呢？下面我来分享一个故事，告诉你原因何在。

创业起步难

每个美国人应该都听说过梅西百货，这可得归功于著名的感恩节大游行和电影《34街的奇迹》，但很少有人知道1858年创立这家公司的人——梅西。

梅西出生于因捕鲸而闻名的楠塔基特岛，他的父亲是一位船长。他15

岁时的第一份工作，是在捕鲸船上。他花了四年，走遍世界各地，最远曾
到达新西兰。后来他带着自己赚的500美元回到美国，结束了海上生活。
他打过几份零工，后来在印刷厂找了一份学徒的工作，但他只干了六个
月。他的野心远远不止如此。

冒险进入零售业

他决定到零售行业试试手。靠着在海上工作获得的收入，他在波士顿
开了一家小小的针线商店。他的期望和工作热情都很高，可这门生意只惨
淡经营了不到一年。

第二年，梅西再度尝试。这次他卖的是从欧洲拍卖来的杂货，不过还
是失败了。接下来一年，他与自己的妹夫萨缪尔·霍顿合伙，后者后来在
波士顿创立了霍顿和杜顿公司。尽管从霍顿这里学到很多，但一年后，梅
西决定要有所改变。

年轻人，向西向西

梅西和弟弟查尔斯听说了加州的淘金热，于是决定到西部试试手气。
尽管没有一夜暴富，但他们发现销售物品给矿工有很大的商机。于是，他
们与另外两位合伙人一道，在萨克拉门托以北的小镇——马里斯维尔创立
了梅西公司，并一直干到淘金热结束，矿工离开这一区域。之后他们把店
铺卖给同行，搬回美国东部地区。

梅西的下一个尝试，是在波士顿以北马萨诸塞的一个小镇黑弗里尔开
一家杂货店。他从自己的生意中学到了很多，并发展出自己独特的生意
经。梅西在自己的新店进行创新，按照固定价格销售（当时其他商店都是
可以讨价还价的）、只收现金，并且加大广告投入，这也成为日后梅西百
货的标志。他甚至亲自设计和绘制广告——这得归功于他早年在印刷厂的

经验。可惜这个生意并没有起色，以关门收场。但他并没有气馁，接下来一年，他又开了一家店，以全镇最低的价格出售商品。尽管他想法新颖，广告策略灵活、工作努力，但最后还是没有成功。在这个小镇上前后折腾了三年后，梅西卖掉了自己的店，并宣告破产。

做出改变

梅西决定告别零售业，他做了一段时间股票经纪人和房地产中介。后来他搬到威斯康星州寻找机会，但那年的金融危机让他的梦想再次破灭。

尽管如此，他仍然小有所得，赚到了一笔钱。后来，随着威斯康星州的机会越来越少，他的朋友劝说他回归零售业，于是他再次回到美国西部地区。

至此，他已尝试过5个不同行业了——捕鲸、零售、淘金、股票经纪和房地产中介。这是他第7次尝试零售业。尽管身经百战，但当时他不过才35岁。

他决心到曼哈顿去试试运气，这次生意竟然大有改观。当时的纽约是美国最大的城市，有95万人口，是黑弗里尔的100倍，而且城市还在不断往外扩张。1858年，梅西开了一家豪华的杂货店。仅12个月，他就赚到了8万美元。在19世纪70年代，这家店平均年销售额超过100万美元。

众人皆知的零售之父

随着事业的发展，梅西重新塑造了零售业。许多创新都归功于他，比如：

- 开创了现代百货公司的先河

- 固定售价，谢绝讨价还价

- 批发销售，确保较低的售价

- 引进现代零售业广告
- 在零售业史上首次任命女性高管

1877 年，梅西在欧洲采购商品时逝世。如今他的生意仍在继续，并为零售业带来更多创新。今天，有 191 家梅西百货为顾客服务，这些公司之所以存在，正是因为梅西的永不言弃。

坚持的力量

我想你肯定猜到了，梅西能够屡败屡战的原因，在于他坚持不懈的性格。正是这些小小的差异引发了巨变，并最终转败为胜。也正是这一点，将成功者和做白日梦的人区分开来。

有价值的东西都不是轻易能够获得的，转败为胜并实现梦想的唯一方法，就是培养坚持不懈的韧性。这种品质可以通过培养信守承诺的习惯来获取。不过，在开始培养这些品质之前，得先有一套策略。这就是我想告诉你的实现成功的四点计划，这将帮助你在面对失败时，保持充沛精力和应变能力。

F AILING >>>
ORWARD

目标是帮人渡过逆境的指南针，同时也是让人坚持不懈的推进剂。

1. 目标——找一个目标

目标是帮人渡过逆境的指南针，同时也是让人坚持不懈的推进剂。

商务咨询师保罗·斯托尔兹（Paul Stoltz）就个人如何在挫折中坚持不

懈作了深入研究。根据他的发现，坚持不懈最重要的秘诀是：

> 找出自己生活中要攀登的山峰和目标，这样才能让你的工作变得有意义。每天我都能看到很多人在攀登错误的山峰。有人花了20年甚至更长的时间，去从事一些没有意义的事情，直到忽然有一天蓦然回首，叩问自己："我到底做了什么？"

如果你天生就是目标驱动型的人，那你可能已经拥有了克服困难的天赋。如果不是，那可能就需要一些帮助。下面这些步骤能帮助你确定目标。

- 接近有梦想的人
- 不安于现状
- 寻找能够让自己兴奋的目标
- 把最宝贵的精力投入到目标上
- 想象自己达成目标后能得到的回报

按照以上步骤，你可能无法立即找到自己的终极目标，但至少能朝那个方向前进几步，行动才是最重要的。就像亚伯拉罕·林肯说的："时刻记住成功的决心比任何事情都来得重要。"这句话中所说的决心，就来源于目标。

FAILING >>>
FORWARD

时刻记住成功的决心比任何事情都来得重要。

——亚伯拉罕·林肯

2. 借口——不要找借口

农业科学家乔治·华盛顿·卡弗曾说："99%的失败都可归因于人们喜欢找借口。"仅仅有愿望，并不能远离失败，必须要忘掉借口，像梅西那样不断前行。

最近我读到了一个关于迪恩·罗兹（Dean Rhodes）的故事，他曾经错失了无数个机会，但从来不为自己的缺点找借口，也从不抱怨自己的遭遇，只是不断前进。罗兹早在戴夫·托马斯（Dave Thomas）开第一家温迪汉堡（Wendy's）的时候就与他相识，当时他觉得，这个年轻人总有一天会有所成就。但当投资温迪汉堡的机会出现时，他并没有这么做。

不久之后，罗兹遇到了桑德斯上校（Colonel Sanders），并有机会在肯德基风靡美国之前购入股票，但因为无法认同上校的某些想法，他没有这么做。

罗兹曾经从事餐饮设备行业，经常有销售员到他办公室推销机器设备，其中一人就是雷·克罗克（Ray Kroc）。罗兹当时觉得克罗克是一个好人，然而，他还是没下定决心投资这家叫"麦当劳"的小汉堡店。

几年后，在一艘游轮上，罗兹遇到了一位来自太平洋西北地区的律师，这位律师建议他投资自己儿子的新电脑公司，公司有一个引人发笑的名字：微软。罗兹再次拒绝了。大多数人只要错过以上任何一次机会，都会感到生气、懊悔，为自己寻找各种借口。但罗兹没有，他看到了自己的失败，并专注于追求自己的梦想和机遇，最终得以在《福布斯》杂志评选的"美国400位最成功的企业家"中名列第289位。不管失去多少机会，犯过多少错误，千万不要找借口。咬紧牙关，承担责任，继续前进。

3. 奖励——给点甜头

好的奖励，比什么都更能让人保持坚韧，这也是大部分公司对待员工的方式。沃尔特·埃利奥特（Walter Elliot）说："毅力并不是一场长跑，而是无数次短跑的串联。"假如每次短跑都能给自己一个奖励，那么长长的目标看上去也没那么可怕。

如果要奖励自己的话，请记住以下几点：

- 只在达成目标后给予奖励
- 将过程分成几个阶段，分段奖励
- 不要忘了别人——这有助于增强你的责任感，并增加成功的喜悦

用什么来奖励，取决于你自己。但奖励必须与目标匹配，就好像父母不会为了让孩子把青菜吃完，就答应带他到迪士尼去玩一样。不要把对小目标的奖励设置得太高，否则就不会想再继续前进了。

FAILING >>>
FORWARD

拒绝放弃的人，才能看到努力换来的全部成果。

——拿破仑·希尔

---

4. 决心——培养决心

作家拿破仑·希尔（Napoleon Hill）说："拒绝放弃的人，才能看到努力换来的全部成果。"想要培养坚韧不拔的毅力，就必须不断培养决心。如果能够做到这一点，可能会经历下面这样的事：

皮尔里（Peary）将军在第8次挑战之前，7次冲击北极都以失败而告终。

奥斯卡·哈默斯坦（Oscar Hammerstein）制作过5部烂音乐

剧，合计上演不超过6周；之后他制作的《俄克拉荷马》（*Okla-homa*），总计上演了269周，净赚700万美元。

约翰·克利西（John Creasey）被出版商拒绝743次，只字未出版；后来他出版了560本书，总计销售6000万册。

艾迪·阿卡洛（Eddy Arcaro）在首次夺冠前输掉过250场比赛。

阿尔伯特·爱因斯坦，埃德加·爱伦坡以及约翰·雪莱都曾因智力低下而被学校退学。

学做一个有决心的人，用屡战屡败、屡败屡战的故事激励自己。记住，小人物和大人物之间唯一的差别，就在于大人物会不断尝试。

圣诞节的惊喜

说到毅力，我常常会想到10年前在圣地亚哥天际教堂担任资深牧师时认识的一个人。第一次见到他，是在圣诞节的表演演出时。圣诞节演出是一年中的大事，每年我们都会一连三周举办24场演出，观众总数超过两万人。

在一次表演前，我在后台与一些歌手和演员聊天，听到他们兴奋地谈论："奥瓦尔来了，他就坐在观众席里。"奥瓦尔·布彻是天际教堂的创始人，大家因为看到他而更加卖力地演出，这无可厚非。当我走到台前欢迎观众的时候，注意到前排坐着一个人。他高大、瘦削，留着灰白卷发，戴着眼镜，穿着背带裤，系着红领结。直到这个时候我才发现，他们说的根本不是奥瓦尔·布彻，而是奥维尔·雷登巴赫尔（Orville Redenbacher）！

看到他本人，你绝对猜不到

这些年来，我和雷登巴赫尔越来越熟悉，就像电视广告上看到的一样，他聪明开朗，为人慷慨大方。卡车每年都会来我家两次，车上的工人会卸下奥维尔送给我家人的几箱爆米花。

大多数人看到电视里的雷登巴赫尔，都会认为他不过是一个扮演生意人的演员。他演得很狡猾，以至于大家都觉得他的角色是凭空塑造出来的。《广告周刊》描述他是："一个从'美式哥特'油画里走出来的奇怪人物，一个神情严肃的、行为怪异的舞会监督。"但其实他为人非常真诚，他发明并销售爆米花的经历，是其永不放弃的最佳证明。

印第安农场男孩

1907年，雷登巴赫尔出生于印第安纳州巴西城杰克逊镇的一座农场里。12岁时，他在繁忙的工作之余，开始种植用来做爆米花的玉米。这种作物每个月能给他带来150美元的额外收入，他把大部分钱都存起来作为大学学费。

1924年，作为家族里第一个读完高中的人，他先是被西点军校录取，但后来选择了普渡大学。梦想着成为一名农业官员的他，出身农民家庭，生活艰辛，没有足够的资金支持学业。因此，雷登巴赫尔加倍努力，在大学农业系里打零工，其中包括做杂交玉米实验。很多次他都想要放弃，但还是坚持了下来。在一封写给未婚妻的信中，他这样阐述自己永不放弃的原因：

> 首先，我想让自己的孩子知道，他的父亲是大学生……其次，我怕家乡的人会以为我的成绩不好，被学校扫地出门。第

三，因为我告诉家人自己要上大学……前两个暑假，每次回家时我都很想退学，但总是会有一些转机，让我秋季又能够重新回到普渡大学。

1928年，他获得了农学学士学位。

新的机遇

雷登巴赫尔得到的第一份工作是教师，第二年他成了农业官员。这份工作一直干到1940年，后来他接到普林斯顿矿业公司的邀请，聘请他管理新购置的普林斯顿农场。这个农场占地12000英亩，是印第安纳州最大的农场，他在那里再次进行了杂交玉米实验。

雷登巴赫尔负责普林斯顿农场的业务10年，取得了极大成功。1950年，他决定和朋友查理·鲍曼一起创业，他们购买了乔治·切斯特父子的种子公司，又一次取得成功。他花了更多时间来研究杂交玉米。关于这项工作的重要性，他的孙子加里·雷登巴赫尔说：

我爷爷是一个不知疲倦的人。为了研发美味的爆米花而投入的精力，足够穷尽一个人的一生。对于那些曾经研发过杂交玫瑰或其他作物的人来说，这项工作意味着不屈的决心和大量的时间。可以想象，在一座坐满球迷的足球场，每个球迷就好比一株玉米，爷爷必须对每一株玉米进行授粉，一般的足球场能容纳5万人，爷爷一年的工作量，相当于3个足球场的玉米授粉工作……在成千上万次的杂交试验中，爷爷从未失去他的目标，那就是：要培育更好的玉米。

最终成功了吗?

1965年,雷登巴赫尔终于培育出了爆米花用的杂交玉米。他的爆米花,不论在数量、品质还是香味上,都比其他品牌的要好。然而他并不满足于此,又花了足足十年,让自己的爆米花成为全球最畅销的品牌。后来,他和查理·鲍曼把品牌出售给了亨特威臣食品集团。

雷登巴赫尔其实早该放弃完美爆米花的探索,他的事业直到65岁才取得成功。然而他心怀梦想,执着地追求,永不言弃。当被问及自己的人生哲学时,他回答:"我遵循的是很传统的原则——不轻言放弃,不安于现状,坚持自我,坚持不懈。正直也是必不可少的。为了得到想要拥有的东西,就竭尽所能。听上去是不是很老套? 老实说,还真就是这么回事。成功没有魔法。"

如果你渴望成功,就必须意识到成功和失败之间的差距并不大。只要持之以恒,就一定可以成功。

转败为胜的第十四步　　　　FAILING FORWARD

失败和成功，差之毫厘

花一点时间写下你的梦想，以及渴望实现梦想的原因。接着，写下你为了实现梦想愿意去做的任何事情。试想在完成的过程中，任何事情都可能出现差错。

这么做的话，就能够做好迎接困难的心理准备，使你更加坚韧不拔。

转败为胜的步骤：

1. 认清普通人和成功者之间存在重要差异
2. 学会重新定义失败
3. 让自己远离失败
4. 采取行动，直面恐惧
5. 接受失败，承担责任
6. 不要让失败吞噬你
7. 和昨天告别
8. 要想改变世界，先改变自己
9. 忘掉自己，奉献自己
10. 在困境中找到光明
11. 如果一开始就成功，再试试更难的事
12. 从困境中学习，把坏事变好事
13. 在弱点上下功夫
14. 失败和成功，差之毫厘

跌倒后爬起来才算数

发生的事算不上经验，发生事情后如何处理
才算得上是经验。

——奥尔德斯·赫克斯利

15

卡尔文·柯立芝总统的名言家喻户晓，麦当劳的创始人雷·克洛克就曾经引用过他的话：

> 世上没有任何东西可以取代毅力。才华无法取代毅力，怀才不遇的人比比皆是；天赋无法取代毅力，碌碌无为的天才人尽皆知；教育无法取代毅力，受过教育的废物满大街都是；只有毅力和决心才是万能的。

我觉得这段话需要修正一下，虽然毅力很重要，但绝不是取得成功的唯一途径，除了毅力之外，还需要其他东西。就像那句关于拳击手的谚语：冠军就是100次被击倒，101次再爬起来。但如果这样做，哪怕最终获胜，估计也已经头破血流了。谁愿意这样呢？如果只被打倒几次就能够爬起来取胜，那不是更好吗？想要这样的话，就必须知道如何击倒对手！

不要和成功兜圈子

从某种意义上来说，米尔顿·布拉德利（Milton Bradley）就是这么做的。他明白自己该做什么，避免了重蹈覆辙。1856年，20岁刚参加工作时，他是一名制图员。1860年，他赚钱买了一台印刷机，开始从事石版印刷的业务。

他的第一个产品，是印制当时新当选的林肯总统的画像。画像甫一印刷，订单就蜂拥而至。他本来可以大赚一笔，但是问题出现了，当选后的林肯总统蓄起了胡子，而画像里的总统是没有胡子的，这差点把布拉德利害惨了。

他痛定思痛，努力从上一次的挫败中爬起来，这次他决定销售不一样的东西——益智游戏。年少时，他的父母常常用益智游戏来教导他和兄弟姐妹们。他构思了一种被他称为"人生棋牌"的游戏，向儿童传授道德价值观。游戏一设计出来，就印刷了很多份。这是美国第一个桌上游戏，销售异常火爆。手工制作的游戏棋刚生产出来，就被抢购一空。第一年居然销售了4万套！

新的目标和计划

这一次成功给布拉德利的生活开辟了新的方向，他开始专注于生产益智游戏，以及其他能够激发儿童智力，寓教于乐的玩具。不久之后，他开始把触角延伸到教育上，这时一个被称作"幼儿园"的新生事物从德国漂洋过海传到美国，激起了布拉德利的兴趣。

他看到了幼儿园对于儿童的教化作用和儿童教材的前景，并希望成为美国第一个印刷英文幼儿教材，生产积木、手工材料的人。就这样，生产幼儿园用品成为他的主要目标。

但他的生意伙伴并不同意，当时经济不景气，他们认为把重心投注在一个有风险的新领域里，可能会导致公司倒闭。布拉德利没有放弃，他继续推进自己的商业计划，并取得了极大的成功。

布拉德利说："幼儿园的生意一定能够成功，我对此深信不疑，这种信念帮我度过了最初几年的苦日子。当时我的生意伙伴、朋友，甚至连会计的年度报表，都不支持我。"

布拉德利成了幼儿园的主要支持者之一。他生产了不计其数的产品，甚至出版了有一定影响力的期刊——《幼儿教育评论》。他改变了数以万计孩子的生活。

爬起来后的计划

也许你已经具备了跌倒后再爬起来的勇气和应变能力，但如果一次次爬起来都毫无进步的话，就会感到心力交瘁，身心俱疲。如果是这样，那么需要做的就不只是爬起来这么简单了。你需要的是爬起来后怎么做的计划，我用"FORWARD"这个词概括了这些步骤：

1. F-确定目标

上一章已经讨论过拥有目标和计划的重要性，接下来就是确定你想要达成的目标。拳击手在擂台上爬起来后唯一的目标，就是击倒对手。米尔顿·布拉德利的目标，是为幼儿园的孩子生产教育产品。你得确定自己的目标，因为

> 目标催生计划，计划催生行动。
> 行动成就结果，结果带来成功。

如果没有目标，就无法转败为胜。乔治·马修·亚当斯（George Matthew Adams）说："我们在生命中得到的，就是我们追求的、愿意为之奋斗甚至牺牲的东西。与其费心去追求根本不想得到的东西，还不如瞄准目标去追求想得到的东西，哪怕失败了也无妨。如果真的费尽一生去寻找，那不管目标是什么，一定能找到。"

2. O–制订计划

尽管本杰明·富兰克林的话听上去有点老生常谈，"没有准备，那就准备好接受失败"。没人能够保证计划完全按照自己的意愿进行，但如果忽视计划的话，成功的机会就变得更加渺茫了。

作家维克多·雨果认为："每天早晨做好一天的计划，并照此行事的人，一定能够在忙乱的生活中厘清头绪……但如果毫无计划可言，凡事都疲于应付，肯定免不了混乱。"怪不得西班牙作家米格尔·塞万提斯（Miguel de Cervante）说："有准备的人，就已经成功了一半。"

FAILING >>>
FORWARD

没有准备，那就准备好接受失败。

——本杰明·富兰克林

3. R–采取行动，尝试失败

仅有计划，也无法成功。要取得成功，还必须采取行动。康拉德·希尔顿（Conrad Hilton）说过："成功与行动密切相关，成功者从不原地踏步。"

按照计划采取行动，行动难免会有一点风险。有风险，才意味着有价值。要想达到终点线，必须得先站上跑道。拉里·奥斯本（Larry Os-borne）是这么看待风险的："有卓越成就的领袖，不会墨守成规，他们乐于承担风险，往往在关键的时刻，毅然决定冒险，取得突破。"

> **FAILING >>>**
> **FORWARD**
>
> 有卓越成就的领袖，不会墨守成规，他们乐于承担风险，往往在关键的时刻，毅然决定冒险，取得突破。
>
> ——拉里·奥斯本

4. W-欢迎犯错

现在，你应该已经意识到错误是不可避免的了，必须学会拥抱错误。这说明你已经进入一个新的境界，打开了新的局面，取得了新的进展。就像一句英国谚语说的："不犯错的人，成不了气候。"（如果很难理解这句话，我建议你再重温一下上一章。转败为胜的唯一途径，就是接受错误是你生命中的一部分，学会从错误中学习并改进）

5. A-以德为本，继续前进

每一次面对错误、尝试前进的时候，都是对个人品格的一次考验。生活中，总有时候会觉得"放弃比站起来容易得多""妥协比埋头苦干更好"。在这些时候，只有品格才能帮助你继续前行。

美国职业篮球联赛冠军教练帕特·莱利说过："攸关比赛胜负的时刻，真正的战士会心知肚明，并从内心激发出力量和直觉，拼命去抓住这个机会。"当你被打败，想要再爬起来，准备东山再起的时候，请记住：

你肯定会面临关键的时刻。这个时刻会定义你到底是一个成功者还是三脚猫。这一刻肯定会到来，请做好准备，准备得越充分，获胜的概率就越高。

F̲AILING >>>
O̲RWARD

> 攸关比赛胜负的时刻，真正的战士会心知肚明，并从内心激发出力量和直觉，拼命去抓住这个机会。
>
> ——帕特·莱利

6. R-不断重新评估进度

在不断克服困难和错误的过程中，你会获得学习和调整的机会。威廉·克努森（William Knudson）曾戏称："经验就是知道自己有很多事情本不该做。"

大多数人都不喜欢审视自己的错误，但其实失败是成功之母。德拉哈耶公关公司总裁凯蒂·佩因说过："商业文化告诉我们永远不要承认错误，要么掩盖错误，要么推到别人头上。大多数人事和工作总结，都不太探讨错误。如果等到工作完成后再来探讨，错误往往会被忘记，反而徒增对同事的怨恨。这样一来，我们便失去了学习的机会。"

7. D-发现成功的新策略

莱斯特·瑟洛（Lester Thurlow）说过："这个世界充满着竞争，只留给人两种选择，要么失败，要么尝试改变并取得成功。"有了计划并付诸实施还不够，如果想成功，事情永远做不完。成功是一个永不间断的旅程，不管如何努力，计划永远不可能完美无缺，人不可能永远不犯错或不失败。

个人理财作家、讲师罗伯特·清崎（Robert Kiyosaki）说："我发现生活中，成功往往尾随着失败到来。"清崎最喜欢讲的故事，是朋友麦克的父亲在他成长过程中教会他挣钱的事情。这位被称为"富爸爸"的父亲很喜欢得克萨斯州和得州人。富爸爸经常说：

> 如果真的想学习如何看待危机和失败，就得到圣安东尼奥去看看阿拉莫之战。阿拉莫之战讲述的是一群勇敢的人，在明知无法胜利的情况下，奋战到底、宁死不屈的故事。故事很激励人心，但终究是一场悲剧性败仗。他们被狠狠教训了一顿，可谓一败涂地。但得州人是怎么看待失败的呢？他们仍然高呼："勿忘阿拉莫之战！"

清崎接着说：

> 每次担心犯错或损失钱财的时候，他都会讲这个故事……富爸爸明白失败只会让自己更坚强、更聪明……使他有勇气在别人退缩不前的时候，穿越火线。这就是他这么喜欢得州人的原因。他们大败一场，却把战场变成一个观光景点，赚个盆溢钵满。

失败是成功之母，当你每次计划、冒险、失败、重新评估、调整，就会获得重新开始的机会，比上一次更好的机会。在托马斯·爱迪生67岁时，他的实验室被大火夷为平地，然而他却说："谢天谢地，我们的错误也付之一炬了，现在可以重新开始了。"

太平洋上的明珠

重新开始并非易事，但却能带来不可思议的效果。我又想起了1999年秋天的亚洲之旅，在10天时间里，我和我的团队访问了印度、中国香港、澳大利亚、新加坡和菲律宾等国家和地区，讲授领导力课程。

其中我最喜欢的是新加坡，它是世界上最先进的国家之一。我们游览了新加坡城，导游苏珊娜·傅女士为我们详细介绍了这个国家。1998年，新加坡的国内生产总值达840亿美元，人均国内生产总值为22800美元，位列世界第9位。而新加坡的国土面积只有238平方公里，只有罗德岛的五分之一！

大败局！

新加坡最早隶属于苏门答腊岛的三佛齐王国（Srivijaya），1826年成为英国殖民地。除了在第二次世界大战期间被日本占领外，新加坡整整一个多世纪都处于英国的管辖之下。

第二次世界大战之后，随着英国的殖民地纷纷独立，新加坡人也开始考虑独立，但是英国人却不以为然。新加坡没有自然资源，政府也没有执政经验，人民虽渴望独立，但在文化上仍有根深蒂固的殖民思想，更何况当时种族歧视非常普遍。

1959年，新加坡获准独立，但整个国家运转不畅。新加坡后来想成为马来西亚联邦的一员，并在1963年成为现实。但是，马来西亚人和新加坡人之间相处得并不愉快，两年后，马来西亚与新加坡断绝了关系。当时的国家领导人——李光耀深感这个国家岌岌可危，前途黯淡。唯一能做的就是自力更生，走出困境。

制订计划，向前推进

李光耀一直在努力解决这个问题，并制订了一个计划。他很年轻，只有42岁，和当时的新加坡人不同，他受过高等教育。他知道，想要逆转是有可能的，但需要花费一代人的时间。他的目标，是在第三世界国家打造第一世界的环境。他是这样做的：

1. 引进工业体系。他的第一个目标是引进需要大量低技能劳动者的产业，解决就业问题。

2. 建设公共住宅。通过改善居住环境来鼓励人们。他们也可以搬进更好的住宅，但必须自己花钱。

3. 发展教育。实现国家进步唯一的办法，是让人们接受教育，让每个人都读得起书。

4. 建立银行制度。使新加坡成为亚洲的金融中心。

5. 鼓励发展旅游。建造国际级的机场，使新加坡成为商业和旅游目的地。

李光耀的目标恢宏，计划远大。要实现他的梦想，必须得有十足的决心和援助，于是他向联合国申请援助。虽然联合国答应给予援助，但一开始事情并不顺利。当时联合国工业和经济顾问阿尔伯特·温斯敏（Albert Winsemius）博士考察新加坡后说道："这里的情况很糟糕。人们毫无缘由地罢工，到处都有暴乱，我对这儿的印象就是：毫无希望。"

但李光耀和新加坡人坚持不懈。一开始，他们向世界银行和英国、日本等国贷款数亿美元。然后，他们从世界各地邀请专家来援助，这些人都是从各国遴选出来的各个领域中的佼佼者：

- 日本和德国：工厂的技术顾问

- 瑞典和荷兰：银行业、金融专家

- 以色列：军事顾问

- 新西兰和澳大利亚：空军和海军顾问

后来，他们从美国和日本引进了1200家外资公司，包括通用电气、IBM、惠普、飞利浦、索尼、三菱、卡特·彼勒、德州仪器、莫比尔石油等。

新加坡的故事，也是她的故事

导游苏珊娜·傅一边讲述祖国的故事，一边强忍着眼泪。她曾是这个国家帮助过的生活艰难、目不识丁的人中的一员。20世纪60年代，她在十几岁的时候就从高中辍学了。后来国家和人民都重新步入正轨，她进入夜校进行自我提升。如今她已经50多岁了，明白了祖国和自己走过的路是如此艰苦卓绝。她亲眼见证了新加坡城从沼泽之地变成了欣欣向荣的国际化大都市，也目睹了人们从无知、无助，蜕变为坚强勇敢、遵纪守法。

新加坡仍然在改变，新加坡人也在进步，现在他们把目标聚焦在回馈上："我们正在参与援助波斯尼亚、津巴布韦、土耳其、越南、东帝汶和科威特，回馈的时候到了。因为我们知道这种需求有多大，所以联合国要我们去哪儿，我们就去哪儿。"

我不确定下一次去新加坡会是什么时候，但当我离开的时候，我发现自己很难忘记苏珊娜和美丽的新加坡。在我到过的国家和城市当中，没有一个地方比新加坡更能作为转败为胜的典范。

转败为胜的第十五步 FAILING FORWARD

爬起来，跨过去，勇往直前

天将降大任于斯人也，有一天大任肯定会落到你的头上。也许你知道完成任务是达成目标的途径，但却害怕挑战，害怕做了之后会失败。

拟订计划，实施计划，不要贸然行事（如果已经尝试并且失败了，那下次肯定不会贸然行事了）。爬起来，采用这一章所提到的FORWARD策略继续前进。

F–确定目标

O–制订计划

R–采取行动，尝试失败

W–欢迎犯错

A–以德为本，继续前进

R–不断重新评估进度

D–发现成功的新策略

如果愿意下定决心，按着计划向前推进，跌倒了再爬起来，就能够达成目标，实现梦想。

转败为胜的步骤：

1. 认清普通人和成功者之间存在重要差异

转败为胜的第十五步　　　　FAILING FORWARD

2. 学会重新定义失败

3. 让自己远离失败

4. 采取行动，直面恐惧

5. 接受失败，承担责任

6. 不要让失败吞噬你

7. 和昨天告别

8. 要想改变世界，先改变自己

9. 忘掉自己，奉献自己

10. 在困境中找到光明

11. 如果一开始就成功，再试试更难的事

12. 从困境中学习，把坏事变好事

13. 在弱点上下功夫

14. 失败和成功，差之毫厘

15. 爬起来，跨过去，勇往直前

现在你已经准备好转败为胜了

失败是成功之母。新事业的起点往往都是失败。就好比婴儿学步，要学会走路就必须经历无数次的跌倒。失败是取得成功的标志，选手只有最后一次试跳失败时，才会知道自己能跳多高。上一次的失败，将成为下一次的起点，而不是终点！

——戴夫·安德森

16

现在你已经知道转败为胜的步骤了，让我们很快地再回顾一下：

1. 认清普通人和成功者之间存在重要差异

2. 学会重新定义失败

3. 让自己远离失败

4. 采取行动，直面恐惧

5. 接受失败，承担责任

6. 不要让失败吞噬你

7. 和昨天告别

8. 要想改变世界，先改变自己

9. 忘掉自己，奉献自己

10. 在困境中找到光明

11. 如果一开始就成功，再试试更难的事

12. 从困境中学习，把坏事变好事

13. 在弱点上下功夫

14. 失败和成功，差之毫厘

15. 爬起来，跨过去，勇往直前

我对此深信不疑。但如果你没有在一个和自己很像的人身上看到这些，那对你来说就毫无意义。

下面我和你介绍一位我的朋友，戴夫·安德森。戴夫是我在威斯康星州肯诺夏讲授领导力时认识的一位企业家。我现在要来讲讲戴夫的故事，他生活中的很多事，与我在本书中提出的转败为胜的步骤不谋而合。

让我们先来看看戴夫的简介：

戴夫·安德森简介

净资产：

3000万美元

教育经历：

哈佛大学约翰·肯尼迪政治学院硕士

现任职务：

美国Famous Dave连锁餐厅主席

员工3000余人

年销售额4160万美元

家庭状况：

已婚，育有二子

高光时刻：

- 创立美国 Famous Dave 连锁餐厅并上市（以每股 6.25 美元首次公开募股，当日收盘价 11.25 美元）
- 共同创办雨林咖啡并上市
- 被评为纳斯达克证交所和《今日美国》颁发的"安永年度新锐企业家"
- 曾担任被《财富》杂志评为"全美增长最快的公司"的董事兼执行副总裁
- 曾参与两项由总统主推的研究：

  吉米·卡特总统：小企业中少数裔雇员问题研究

  罗纳德·里根总统：印第安保留区经济研究委员会
- 运用自己的远见、领导力和机会洞察力，创造了多达 1.8 万个就业岗位
- 为少数裔贫困儿童设立米诺济力格（Mino-Giizhig）基金，首笔捐款为 140 万美元
- 明尼苏达大学卡森商学院工商管理硕士项目导师

这份履历表堪称完美，这还没有把戴夫获得的各类国内外餐饮和商业奖项，以及作为银器和古董收藏家的成就包含在内。难道戴夫有点石成金的魔力吗？当然不是啦！想要更好地了解戴夫的成功，得先了解一下他经历的失败。

典型的青年人

1971 年戴夫·安德森从高中毕业，他和大多数 18 岁的孩子一样，不确定自己想要做什么。如果当时告诉他，将来他可以成为拥有千万身家的成功商人，并影响千万人的生活，他肯定觉得是在痴人说梦。但这一切实实

在在地发生在他身上，因为他学会了如何转败为胜。

戴夫在芝加哥长大，学业平平，从学校毕业后，开始寻找出路。他不是很喜欢和人接触，因此想找一份在户外的、贴近自然的工作。因为具有印第安人血统（父亲是乔克托部族，母亲是齐帕威部族），他希望能够从事野外或者林业工作。他来到位于密歇根州霍顿的密歇根技术大学，开始了典型的大学生活——平时上几堂课、看看书，周末参加舞会、聚餐等活动。

当机会来敲门

第一学期结束后的假期，他返回芝加哥看望父母，有一个朋友打电话找他。

他问："戴夫，你有西装吗？"

"当然有啊。"戴夫回答道。他从小就去教会，那个时候大家都是穿西装去的。

朋友说："好的，穿上西装，我马上来接你。"

那时候的戴夫初生牛犊不怕虎，他穿上西装，和朋友一起去应聘汽车引擎润滑油的销售职位。戴夫不是学机械的，因此关于机械的内容并没有吸引他的注意。真正引起他兴趣的，是那位名叫金克拉（Zig Ziglar）的演讲者，他对与会的人说道："只要你们相信自己，并且有热情，就一定能成功。"

戴夫以前在学校和家里从来没有听到过这样的话。他的父母虽然爱他，但他们不是企业家，对积极动机所知甚少。他的父亲是一个努力工作的建筑工人，希望自己的儿子也能够如此努力。那天晚上戴夫回家后，和父母说了销售润滑油的想法，当那家公司第二次举办说明会的时候，戴夫带上父亲一起参加了。他父亲觉得机会似乎不错，同时也希望自己的儿子能成功，于是他用自己辛苦赚来的2500美元买了些润滑油，好让戴夫开始自己的事业。

戴夫的第一个生意

戴夫没有再回密歇根技术大学。他人生中第一次有了梦想，并全情投入其中。他希望取得成功，从此迈入商界。接下来的几个月，他竭尽所能推销润滑油，但每次都是石沉大海。不管怎么努力，都没法成功，他的第一次生意以失败告终。据戴夫说，他父亲的车库里，至今还有几箱润滑油。

但在那一次失败中，他种下了成功的种子（第十五步：爬起来，跨过去，勇往直前）。首先，他拥有梦想，相信自己一定可以成功（第六步：不要让失败吞噬你）。其次，当他父亲帮他买下润滑油的时候，戴夫得到了接受五天领导力课程的机会，这让他觉得足以改变自己的人生（第十步：在困境中找到光明）。金克拉给了他六盘磁带，戴夫有好几个月都是听着这些磁带入眠的（第八步：要想改变世界，先改变自己）。他心中的梦想没有熄灭，失败没有击倒他（第一步：认清普通人和成功者之间存在重要差异）。他只是没有在这个生意上取得成功。

销售润滑油失败后，戴夫去艾迪·鲍尔兼职卖体育用品。1972年秋，他被芝加哥罗斯福大学录取了。接下来几年，戴夫像上了发条的时钟一样，中规中矩地每年秋天入学，期末的时候拿回满是零分或补修的成绩单。虽然他有心改变自己，但由于学业不佳外加对做生意的渴求，他失去了求学的意愿。

再次创业

同样在1972年，戴夫有了另一个做生意的念头。虽然销售润滑油的机会没有使他发财，但是却促使他开始像企业家那样思考（第二步：学会重新定义失败）。他的新点子是生产和销售微缩盆景。他凑了一些钱，购买了制作样品的材料，然后去找零售商谈，试图说服他们购买。

与理查德·兰格花坊的詹姆斯·阿什纳的生意，让戴夫第一次尝到了成功的滋味。阿什纳指着自己喜欢的样品告诉戴夫："这些盆景看上去不错，我每样都买一点。"

戴夫很惊讶。"那可得很多钱。"他边说边在脑子里快速计算原材料的费用，"每样来一个怎么样？"

"不，"阿什纳说，"我每样都要一打，一打这个，还有一打那个。"

"你确定不是只拿一个吗？"戴夫有些胆怯地说。如果能够先卖掉几个样品，就有足够的钱来购买原材料了。

"不。"阿什纳回答道。

戴夫最后只能解释道："我现在没法提供一打，我的钱不够买原材料。"

"你看上去挺实在的。那么我先预付给你，怎么样？"阿什纳回答道。他叫来隔壁房间的助理："安妮·玛丽，开张支票给这位先生。"

戴夫非常惊讶。几分钟后，他手上便拿着这辈子见过的最大面额的支票——736.35 美元。

再胜一筹

从那天起，戴夫开始了自己的花艺生意。接下来的七年，他在自己的地下室里疯狂工作，一周 7 天从不停歇。当花艺店客户在母亲节或情人节忙得团团转的时候，他会去店里帮忙打扫卫生，帮忙清理冰箱或者做其他杂务。在他 21 岁的时候，芝加哥市内几乎所有主要的花艺店都是他的客户。30 岁的时候，他觉得自己已经非常成功了。

那个时候，有一位花艺店的朋友想了一个可以赚更多钱的办法。20 世纪 70 年代末期，大学生非常喜欢用绿植装扮宿舍和公寓。戴夫朋友的儿子在南伊利诺伊大学就读，他认为可以从佛罗里达的花农那儿低价批发一些绿植，然后每个秋季开学时在学生会租个地方销售，这样能赚更多。于是，他们开了辆货车到佛罗里达进了很多绿植，因为减少了两道中间商的差价，他们的绿植售价比之前的低很多，学生竞相购买，短短两天他们就赚了2万美元（第十一步：如果一开始就成功，再试试更难的事）！

再一次失败

因为之前的生意非常成功，他们准备再做一次规模更大的生意。10月，伊利诺伊州庞蒂亚克市有一家新超市开张，他们计划到那儿去销售绿植。戴夫和朋友又去了一趟佛罗里达，买回来两拖车的绿植。他们租了一个大帐篷，里面摆满绿植，准备好四台收银机迎接客人。但不巧的是，那天起了一场奇怪的雾，然后开始下毛毛雨，雨越下越大，气温逐渐降低，到后来变成了雨夹雪。冬天提早到来了，娇嫩的热带植物经不起严寒。他们这次彻底失败了。除了上次赚到的2万美元之外，还倒贴了很多钱。

如果你来自美国中西部，大概会记得1979年的冬天，那是有史以来罕见的严寒天气。侵袭芝加哥的暴雪造成了大量积雪，街道因此关闭了好几个月。那一年包括戴夫在内的很多商店都关门了，因为花艺店在暴风雪天气时都不太进货。许多戴夫的客户不但没有来买花，甚至还拖欠了已经收货的货款。加上在超市生意上的亏损，戴夫只能无奈选择宣告破产。

寻找新的生意

绿植生意失败之后，戴夫得找一个工作维持生计。他不止一次去典当妻子的珠宝来支付房租，还曾两次排队去进行失业登记，但最终都因为不想拿政府的救济款，掉头离开了。他继续寻找着机会，因为此前一直是个人创业，因此他想找与创业相关的工作，同时希望提升自我。他认为，所有成功人士都懂得如何与人相处，所以自己应该加强与人合作的能力（第十三步：在弱点上下功夫）。这两个想法都指向了销售工作，然而对他来说，销售失败的经历仍然历历在目。

后来，他找到一份为美国罐头公司销售餐馆用纸杯、纸巾和餐巾纸的工作（第四步：采取行动，直面恐惧）。为了得到这份工作，他接下了销售情况最差的区域。每天晚上，家人不在家的时候，他会站在镜子前面练习说话、微笑，甚至和自己握手。白天，他辛勤工作，因为他坚信从花卉批发行业中学到的原则和韧性（第十四步：失败和成功，差之毫厘）。他犯过错，吃过闭门羹，经历过失败，但仍然疯狂工作，不断学习。仅仅六个月时间，他便把销量倒数第一的区域做到了第一名。

从这份工作中，他学到很多。“如果想成功，就必须经历许多失败。经历得越多，就越容易成功。”他还发现，过去的失败不会成为一辈子的包袱（第三步：让自己远离失败）。

“在失去花艺店的批发事业后，我回去找那些曾经合作过的公司。”戴夫说，“我脑子里全都是自己宣布破产时欠他们的几千美元。但是他们并不在意。他们的想法是：‘我们早就把这笔账从账本上划掉了。更何况，和你做生意的时候，我们赚的比你欠的还多呢！’（第七步：和昨天告别）如果诚实地承认失败，人们会选择原谅。如果愿意承担责任，大家都很乐意帮忙（第五步：接受失败，承担责任）。”

再次出现机会？

1982年，戴夫的族人（位于威斯康星州西北部的奥吉布瓦族的其中一支）向他伸出了橄榄枝。他们的公司一直亏损，因为认识到戴夫的商业才能，他们聘请他担任首席执行官。这个职位必须负责经营各种不同的生意，比如蔓越莓园、印刷厂和建设公司。在他在任的三年内，公司的净收入从390万美元增加到800万美元。

他在部落的成功经验，促使里根总统任命他为印第安保留区经济研究委员会的成员。很多州政府和地方政府、商业机构都给他颁奖，并邀请他参加各种诸如旅游、少数民族商业发展等委员会。由于戴夫多年来帮助了许多人，明尼苏达州圣保罗的布什基金会（Bush Foundation）授予他"布什领袖奖学金"，以奖励他杰出的成就。凭着以上这些荣誉，即便他在校成绩有许多不及格，也没有大学毕业证书，还是得以进入哈佛大学就读。毕业后，他又在米丽拉克（Mille Lacs）部落工作了许多年。戴夫帮助他们创造了几千个就业岗位，把糟糕的失业率降低到几乎为零。《财富》杂志把该公司评为"美国成长最快的公司"。尽管戴夫在商业领域取得了不俗的成绩，然而此时他尚未从事他最热爱的饮食行业。

追求自己的真爱

戴夫对饮食的热爱从孩提时代就萌芽了。他的父亲曾经在芝加哥附近的建筑工地做电工，有时候朋友介绍他到路边小摊买一些烤肋排，他会把吃不完的带回家。戴夫第一次吃到肋排的时候就喜欢上了。长大以后，他开始寻找最完美的烤肉店，每次出差到各地，他都会向当地人打听最好吃的餐厅。

"我走遍全国大街小巷，寻找最美味的食物。"戴夫眉飞色舞地说，"从市内的餐厅到乡下的路边摊，我到处寻觅美食。每次去外地开会，我都会在完成自己的工作后消失，我的同事都很好奇我去哪儿了。其实我是跑到当地最好吃的小吃店去了。我会把菜单上的菜全部试吃一遍，然后回家在自己的厨房里面试做。"

1994年，戴夫和别人共同创办了一家名为"雨林咖啡"的餐厅，赚了不少钱。他用其中一部分钱买下了威斯康星州海沃德市的一家小旅馆，在那儿开了他梦寐以求的餐厅，卖的是好吃的烤肉。他本打算给餐厅取名为"戴夫的著名烤肉"，但是因为印刷厂的错误，结果印成了 Famous Dave's

（著名戴夫），店名一直沿用至今。这个餐馆非常成功，不久之后他又开了第二家、第三家分店。

如果你不了解后来发生的事，肯定觉得戴夫就从此一帆风顺了。但实际上，他正面临人生中的最低谷和最大的问题——他自己出了问题。

接受治疗

1995 年，一些朋友和家人来到戴夫家里，他们是来劝说他戒酒的。和很多人一样，戴夫从大学开始喝酒，开始做生意后也没丢掉喝酒的习惯。在听到关爱他的人劝说时，他内心很高兴，并且觉得自己应该有所改变。他接受了戒酒治疗，此后滴酒不沾。

"要想成功戒酒，必须先承认自己有问题——酗酒——清楚自己的处境，然后做出改变。"戴夫说，"那些接受了治疗却不成功的人，问题就在于他们认为自己没有错，不肯为自己的行为负责。改变的关键，就在于认输。"

戴夫知道自己必须改变，在改变生活的同时，他发现自己也越变越好了。现在，坚持学习和成长，已经成为他的标签（第十二步：从困境中学习，把坏事变好事）。

"如果继续和那帮酒肉朋友鬼混，我是无法真正改变的。"他说，"如果回到以前常去的酒吧，那些人肯定还坐在老位置上喝酒，他们一点儿都不会改变，但我在四年里改变了很多。"

不只是戴夫的成功

在我写这本书的时候，戴夫已经在五个州拥有 24 家餐馆了，他的商业帝国还在不断壮大。要想取得成功，必须克服很多困难，打破很多质疑。

Famous Dave's公司的发展历程

销售额（百万美元）　　　　　　雇员数（名）

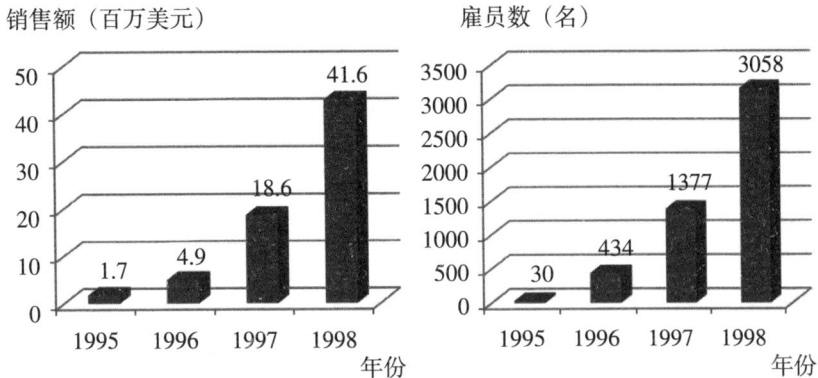

"我刚开始创业的时候，大家说我的餐馆绝对进不了这个地方。他们说：'在明尼阿波里斯市没人吃烤肉，你的餐厅肯定不行。'但现在，我在明尼阿波里斯市已经有13家分店了。"

戴夫取得了巨大的成功，但更令人钦佩的是他意识到成功不只是为了他自己，也是为了他人。他通过设立米诺济力格基金，资助少数裔贫困儿童。他说："我们不仅仅是销售肋排，更重要的是改变人们的生活。"（第九步：忘掉自己，奉献自己）

为了实现目标，戴夫创办了"幸福家园大学"来培训员工。新任经理们在这里学习餐厅运营的专业技能、沟通技巧和信息，比如被戴夫称作烤肉三宝的：肉、烟和酱料。他们也学到了其他重要的东西。戴夫告诉他们："除了为我——戴夫·安德森，开这家餐馆更是为了你们自己。"

其中最重要的课程就是学习如何转败为胜。戴夫解释道："学校只教数学和科学课程，却没有心理健康课。他们应该教的，是如何处理问题。每一天我们都会被各种各样的问题困扰，有的人因此遍体鳞伤。要想取得成功，就得直面问题；要想取得成功，就得直面失败。生活就好像爬梯子，爬得越高，面对的问题就越多；爬得越高，问题就越大。但是，最成功的人，往往是经历过最困难时期的那些人。就像人们说的，在风平浪静的海上航行，永远无法成为顶尖的水手。"

> 要想取得成功，就得直面问题；要想取得
> 成功，就得直面失败。生活就好像爬梯子，爬
> 得越高，面对的问题就越多。
>
> ——戴夫·安德森

戴夫曾经身处的大海，绝不是风平浪静的，未来也不会。这对他来说完全不是问题，因为困难意味着机遇。戴夫强调说："我总是告诉我的员工：大部分人看到问题掉头就跑。如果你想出人头地，那就告诉你的经理：'有问题吗？请丢几个给我。'不要像大部分人那样逃避问题，而是应该去发现问题。如果这么做，我敢保证，你的人生将从此改变！"只有解决问题，才能出人头地。

现在你已经准备好了

戴夫·安德森犯过的错比大部分人犯的要更多，遭遇过更多困境，克服过更多问题，经历过更多失败，但他取得的成功也更大。就像我的朋友金克拉说的："戴夫·安德森不过才刚刚开始呢。"

下次你再羡慕别人的成功时，请记住他们经历过很多糟糕的情况，但这从表面上是看不出来的。有一句老话是这么说的："吃热狗的时候，千万别问里面是什么。"换句话说，如果知道里面是什么，你大概就不想吃了，成功是由无数个失败构成的。

如果真的想实现梦想——我说的真正，不是白日做梦随口说说的，那就必须去行动，去失败。早点失败，习惯失败，越挫越勇，让错误成为成功的垫脚石。

　　当我快要写完这本书的时候，我把关于戴夫的故事底稿寄给他，请他确定一下细节。几天后，他寄回来一封短信。上面写道："我从来没认真地回顾过自己的人生，能做到不轻言放弃这件事对我来说太不可思议了。"

　　现在你已经知道怎样才能转败为胜，永不放弃了。预祝你成功，实现你的梦想，转败为胜。